CAD/CAM 软件精品教程系列

CAD机械设计
实训图册

主　编　　翟勇波

副主编　　刘　建

参　编　　陈海凡　谭新辉　张伟南

　　　　　聂永增　黄　俊

电子工业出版社
Publishing House of Electronics Industry
北京·BEIJING

内 容 简 介

本书可作为高职高专、技师学院、高级技校的机械类专业三维建模、产品设计、CAD 机械设计及 CAD/CAM 相关课程练习、实训图册，也可作为 CAD 机械设计竞赛、创新设计竞赛、3D 建模及成图技术竞赛等训练参考资料，以及不同阶段的 CAD/CAM 学习人员的练习图册，还可作为从事机械设计的工程技术人员的参考书。

全书分为二维轮廓训练、简易零件三维建模训练、机械零件三维建模及工程图训练、三维装配及装配工程图训练 4 章。图册内容丰富，案例经典，实用性强；书中案例图形难度适中，由易及难、层层递进，适用于各类工程软件训练。

为了方便学习，本书配有电子教学参考资料包，内含本书中所有零件的结果文件，文件格式为：X_T（parasolid），供各类工程软件打开查看，以及第 4 章所有机构的运动仿真、爆炸分解动画（AVI）文件。

图书在版编目（CIP）数据

CAD 机械设计实训图册 / 翟勇波主编. —北京：电子工业出版社，2016.3
ISBN 978-7-121-27940-9

I. ①C…　II. ①翟…　III. ①机械制图－AutoCAD 软件－图集　IV. ①TH126-64

中国版本图书馆 CIP 数据核字（2015）第 309841 号

策划编辑：张　凌
责任编辑：张　凌
印　　刷：三河市君旺印务有限公司
装　　订：三河市君旺印务有限公司
出版发行：电子工业出版社
　　　　　北京市海淀区万寿路 173 信箱　邮编：100036
开　　本：787×1092　1/16　印张：12.25　字数：313.6 千字
版　　次：2016 年 3 月第 1 版
印　　次：2022 年 12 月第 11 次印刷
定　　价：30.00 元

凡所购买电子工业出版社图书有缺损问题，请向购买书店调换。若书店售缺，请与本社发行部联系，联系及邮购电话：（010）88254888，88258888。

质量投诉请发邮件至 zlts@phei.com.cn，盗版侵权举报请发邮件至 dbqq@phei.com.cn。

本书咨询联系方式：（010）88254583，zling@phei.com.cn。

CAD（计算辅助设计）技术已经成为当今乃至今后制造业发展的必要技术。熟练运用各类工程软件进行零件的三维造型、工程图的编制，机械结构设计及运动模拟仿真成为一名机械设计师必备的专业技能。

本图册是作者多年带竞赛选手训练、工程软件教学积累下来的重要参考资料，图册内容丰富、经典、新颖，实用性强。

全书分为 4 章，第 1 章为二维轮廓训练，以汽车标志轮廓、拆装工具轮廓为案例，可以激发初学者的学习兴趣与热情，使学员更快地学好二维图绘制；第 2 章为简易零件三维建模训练，主要为零件建模的基本操作训练；第 3 章为机械零件三维建模及工程图训练，包括了各类典型的常用机械零件，可以提升与巩固学员的三维建模能力与读图能力，以及加强学员机械工程图编制能力的训练；第 4 章为三维装配及装配工程图训练，介绍了 20 套常用的机械结构图，加深学员对常用机械结构的认识，能充分满足学员三维装配技术、装配工程图、运动仿真等专题训练。

本书由广东省技师学院翟勇波担任主编，由刘建担任副主编，参与编写的有陈海凡、谭新辉、张伟南、聂永增、黄俊。

本书图例内容丰富，由易及难，实用性强，能满足读者二维图、三维建模、出图、装配及机构运动制作的需要。图册中案例适用于各种 CAD/CAM 工程软件学习。

由于作者水平有限，书中难免存在不足之处，敬请广大读者批评指正！

编　者

目 录

Contents

第 1 章　二维轮廓训练

本章为二维（草图）轮廓训练。二维轮廓是三维建模的基础，绘制二维轮廓的熟练程度直接影响三维建模的速度与质量，因此，学好二维图的绘制至关重要。本章通过绘制汽车标志轮廓、拆装工具轮廓来激发初学者的学习兴趣与热情，使初学者在最短时间内学好二维图绘制，喜欢上工程软件绘图课程。

【训练目标】

1. 能熟练读图，准确选择绘图中心点。
2. 能熟练使用工程软件的绘图工具进行图形绘制。
3. 能正确进行尺寸标注、特征约束。
4. 能运用编辑工具对图形进行编辑与修改。

【训练要求】

1. 通过训练，熟练工程软件的绘图工具、转换编辑工具、尺寸标注与特征约束等工具的运用。
2. 掌握直线与圆弧连接、圆弧与圆弧连接的绘制技巧。
3. 能熟练、准确地读图，根据图样要求快速绘制出图形。

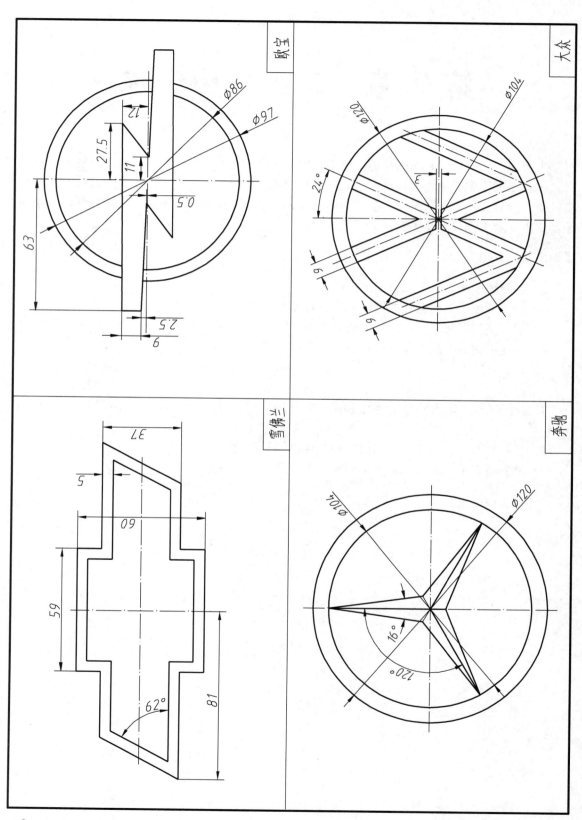

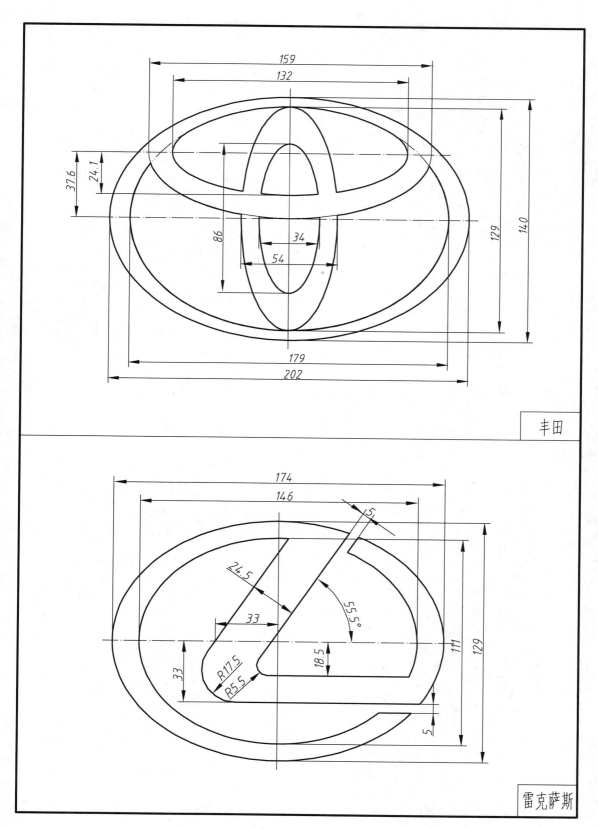

丰田

雷克萨斯

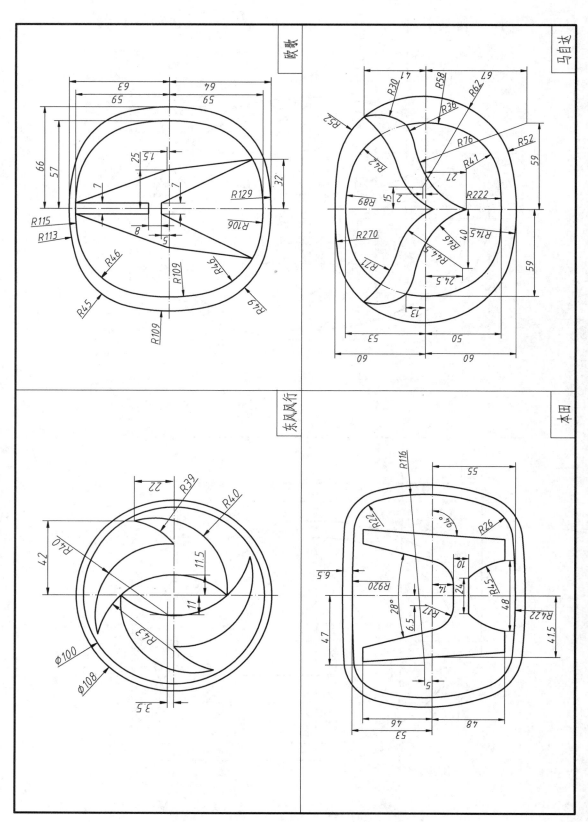

欧歌

马自达

东风风行

本田

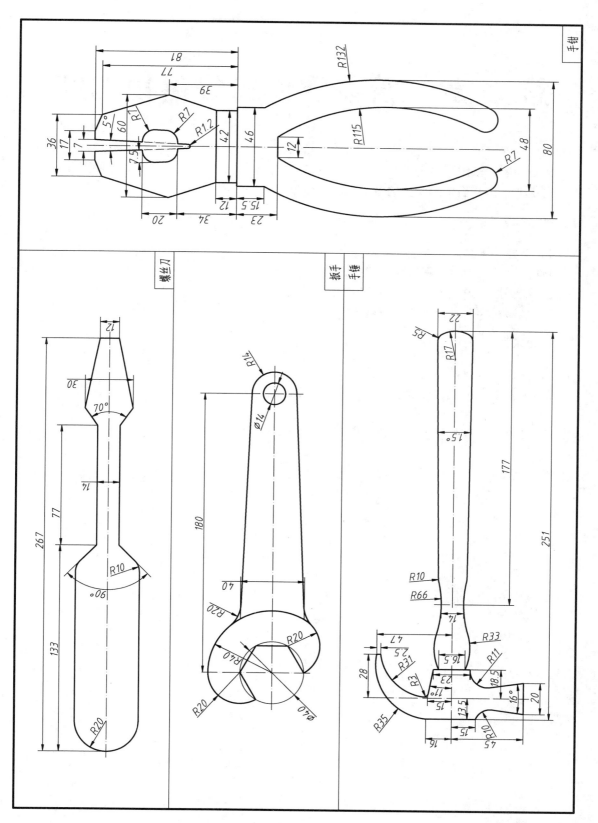

手钳

螺丝刀

扳手
手锤

第2章 简易零件三维建模训练

本章为零件三维建模工程图纸，学员可以根据图纸要求进行三维造型，零件图纸由易及难、层层递进，从而增加学员的自信心与建模成就感。

【训练目标】

1. 能熟练读图，准确选择绘图基准。
2. 能够熟练使用工程软件的建模工具进行三维造型。
3. 能够根据图纸要求，选择建模方法与创建步骤。
4. 能够对零件进行着色、渲染。

【训练要求】

1. 熟练三维建模工具，特征转换、编辑工具的运用。
2. 能根据零件结构形状选择与创建构图基准。
3. 能够对零件设计进行变更。
4. 熟练使用零件着色、渲染工具。

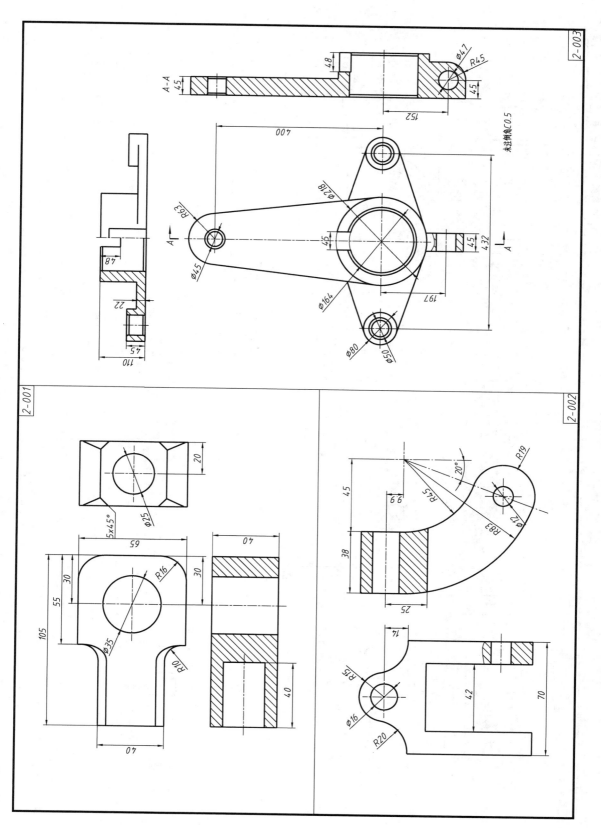

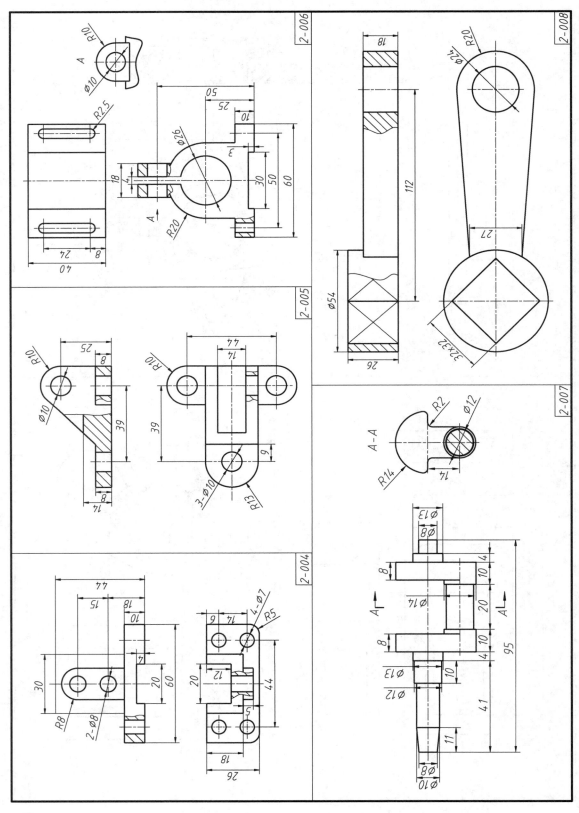

2-004

2-005

2-006

2-007

2-008

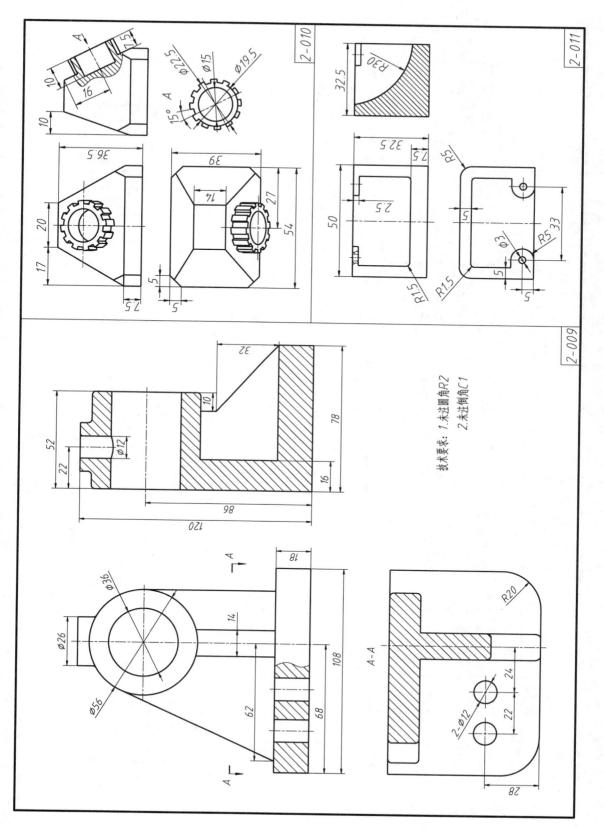

技术要求: 1.未注圆角R2
2.未注倒角C1

2-010

2-011

2-009

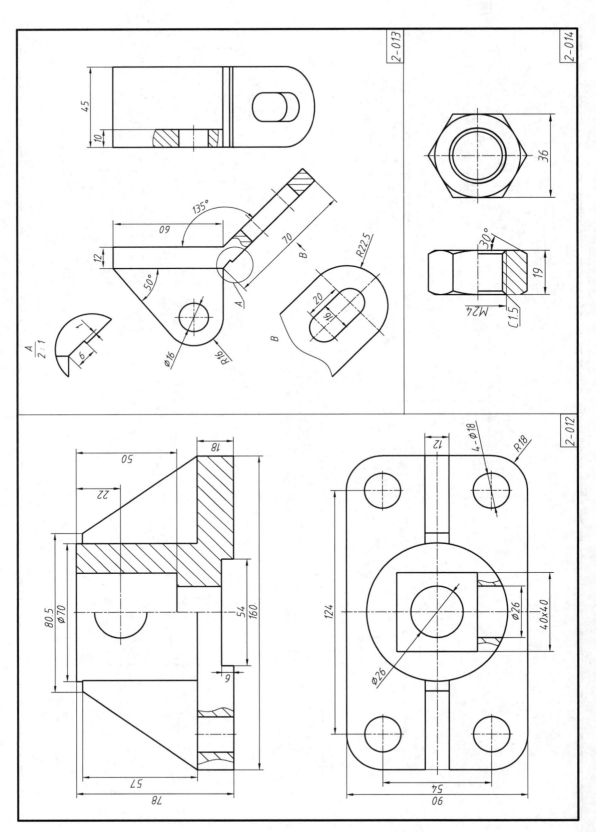

2-013

2-014

2-012

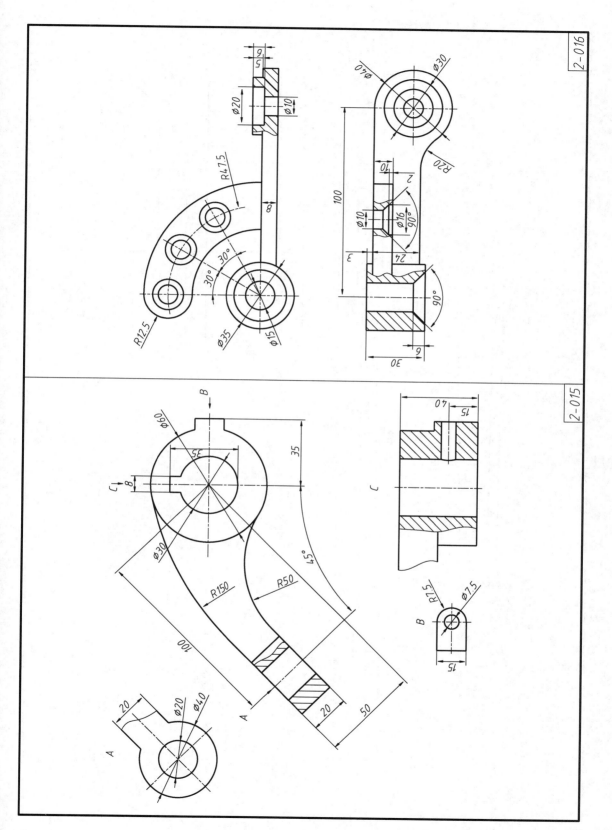

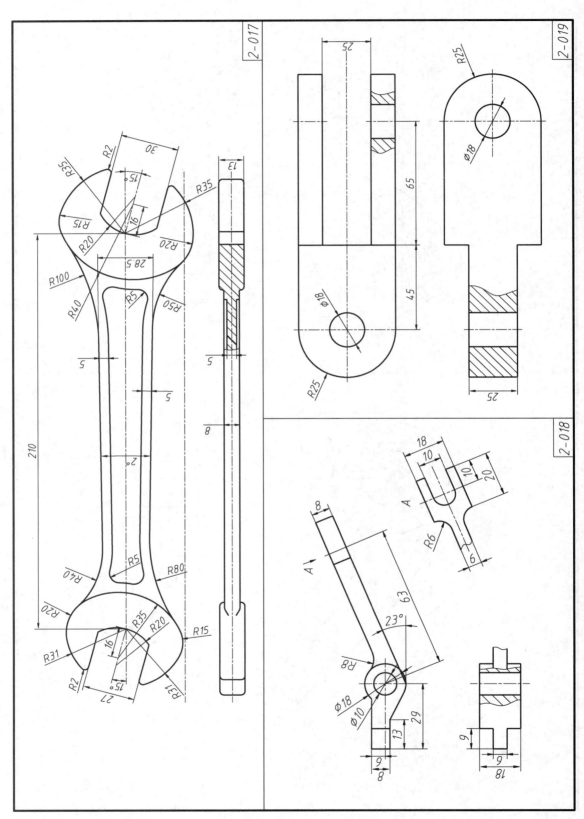

2-017

2-019

2-018

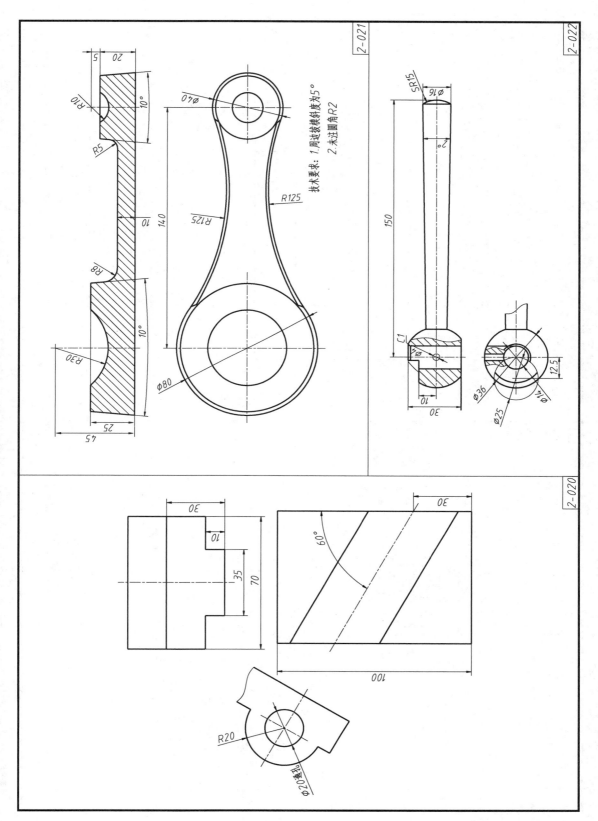

技术要求: 1.周边拔模斜度为5°
2.未注圆角R2

2-021

2-022

2-020

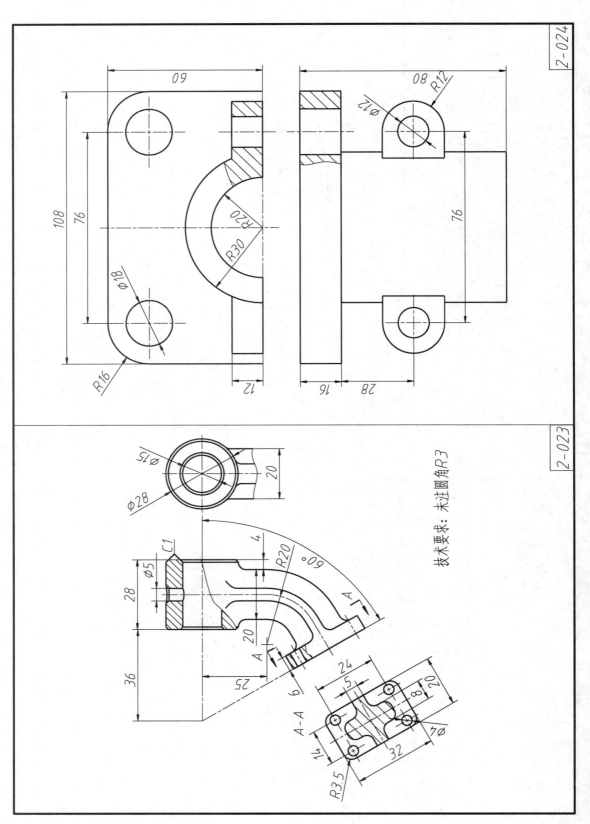

技术要求: 未注圆角 R 3

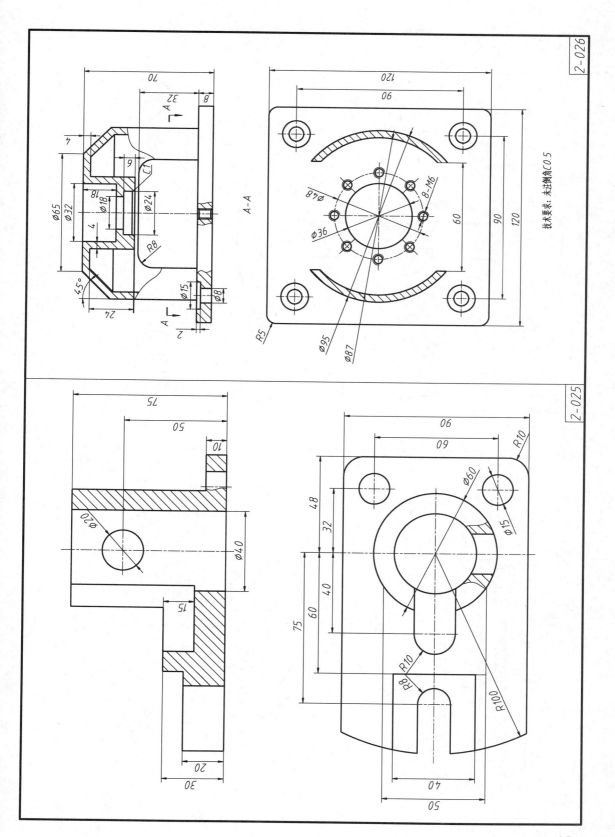

技术要求：未注倒角C0.5

2-026

2-025

· 15 ·

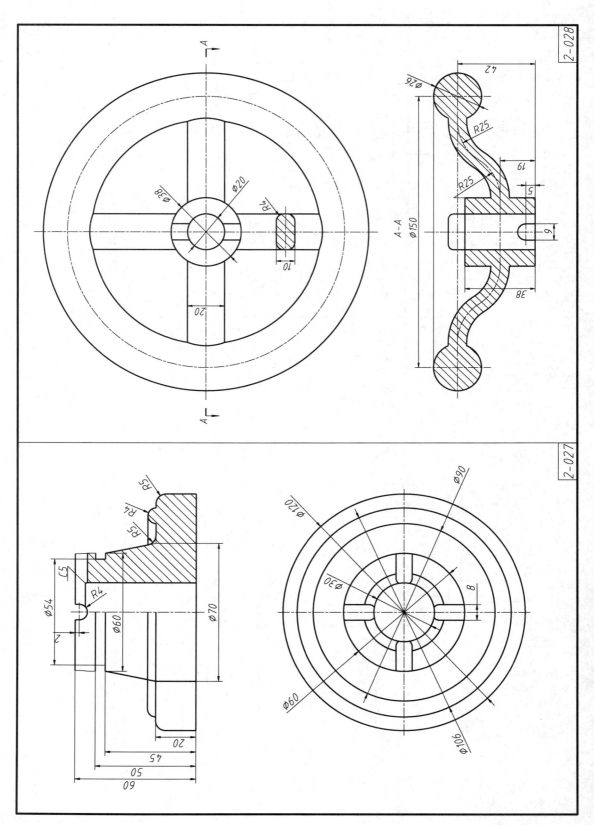

2-028

2-027

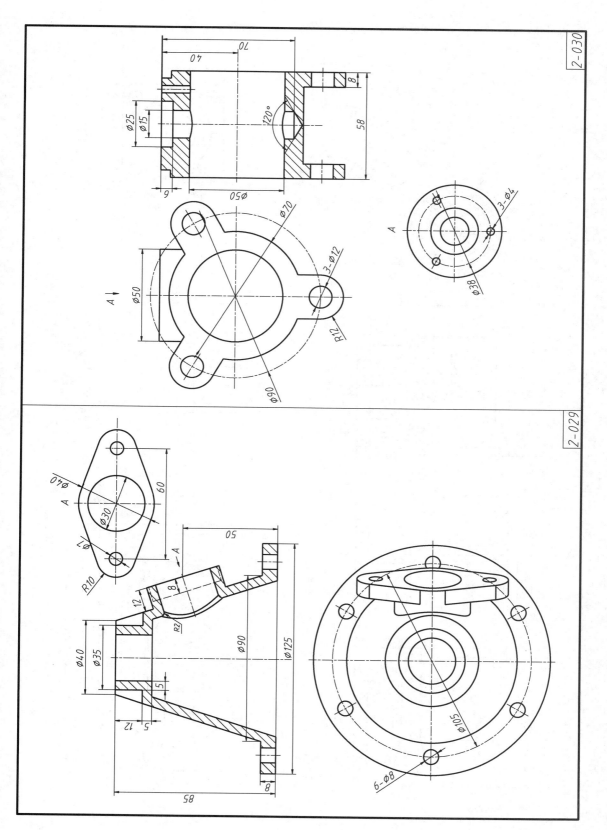

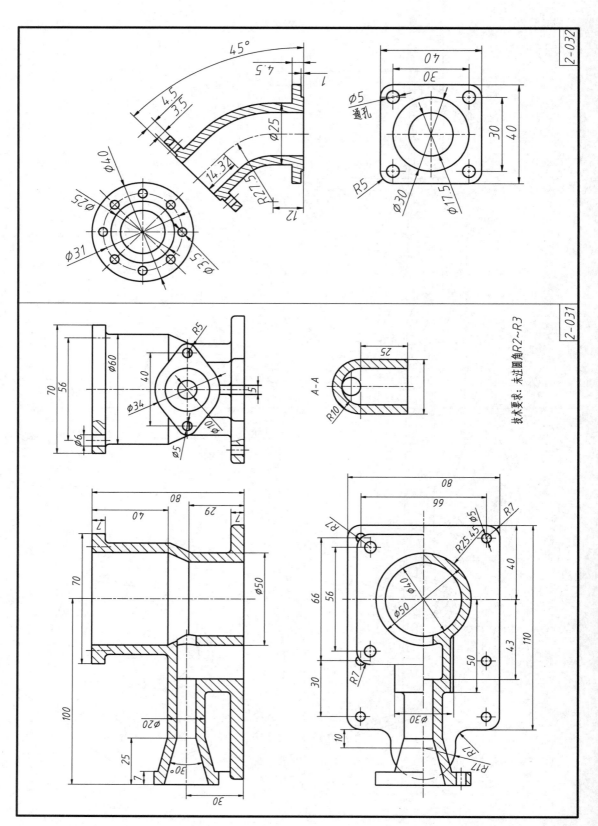

2-032

2-031

技术要求：未注圆角R2~R3

第3章 机械零件三维建模及工程图训练

本章为机械零件工程图纸，零件结构经典，形状较为复杂。学员根据图纸要求进行三维建模，再通过创建好的三维模型生成标准工程图。通过本章学习，可以全方位提升学员的三维建模与工程图编制能力。

【训练目标】

1. 能熟练读图，准确选择建模基准。
2. 能够熟练使用工程软件的建模工具进行复杂机械零件造型。
3. 能够根据图纸要求，选择建模方法与创建步骤。
4. 对创建好的零件能够根据图纸要求生成工程图，并能进行尺寸、公差、粗糙度等标注。
5. 能够对零件进行着色、渲染，能够编辑零件的属性。

【训练要求】

1. 熟练三维建模工具，特征转换、编辑工具的运用。
2. 能根据零件结构形状选择与创建构图基准。
3. 能够对零件设计进行变更。
4. 熟练使用零件着色、渲染工具。
5. 能够根据零件结构形状选择视图表达方案，生成工程图。
6. 掌握各出图工具（基本视图、剖视图、局部放大图、局部剖视图等）的运用。
7. 能够根据图纸要求对零件图的尺寸、公差、形位公差、粗糙度等进行标注，并能修改图线、比例等。

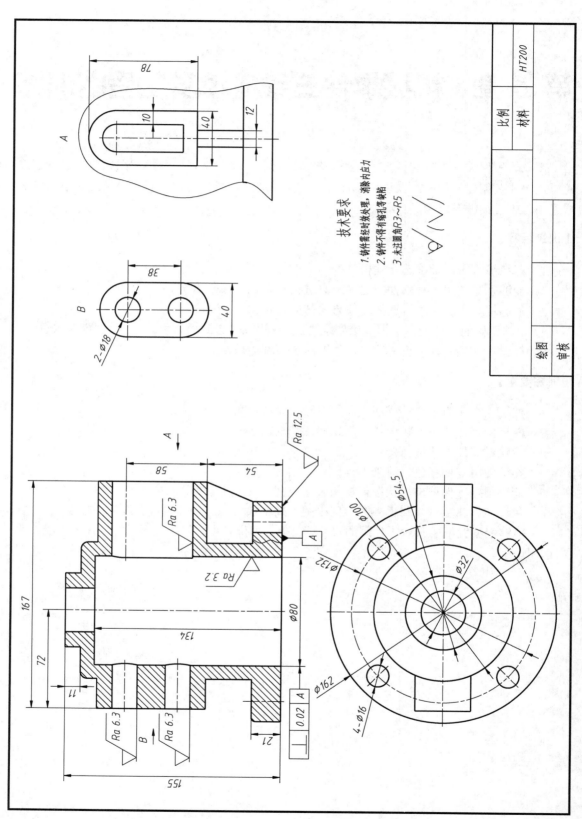

技术要求
1. 铸件需经时效处理，消除内应力
2. 铸件不得有缩孔等缺陷
3. 未注圆角R3～R5

√(√)

Ra 12.5

Ra 6.3

Ra 3.2

Ra 6.3

Ra 6.3

⊥ 0.02 A

A

B

78

10

40

12

38

40

B

2-⌀18

85

54

167

72

11

134

⌀80

21

155

⌀162

⌀132

⌀100

⌀54.5

⌀32

4-⌀16

比例

材料   HT200

绘图

审核

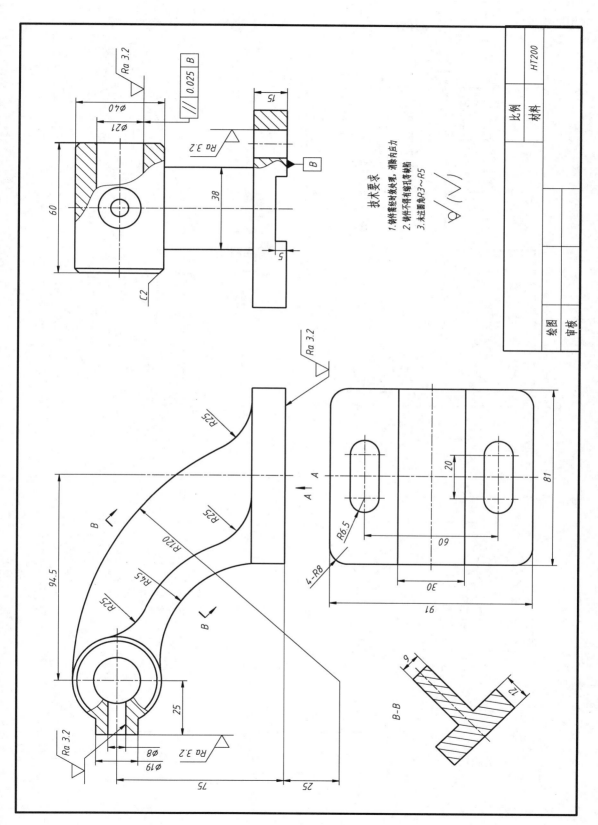

技术要求
1. 铸件需经时效处理, 消除内应力
2. 铸件不得有缩孔等缺陷
3. 未注圆角R3~R5

			HT200
		比例	材料
绘图			
审核			

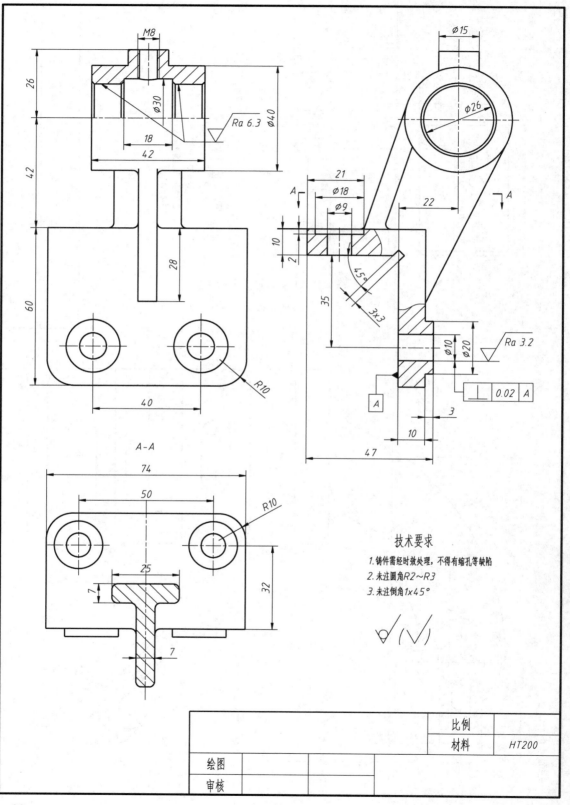

M8

Ø30

18

42

26

42

28

60

40

Ra 6.3

Ø40

R10

A-A

74

50

25

7

7

32

R10

Ø15

Ø26

21

Ø18

Ø9

22

A

A

10

2

35

45°

3x3

Ø10

Ø20

Ra 3.2

A

⊥ | 0.02 | A

3

10

47

技术要求

1.铸件需经时效处理，不得有缩孔等缺陷

2.未注圆角R2~R3

3.未注倒角1x45°

√ (√)

			比例	
			材料	HT200
绘图				
审核				

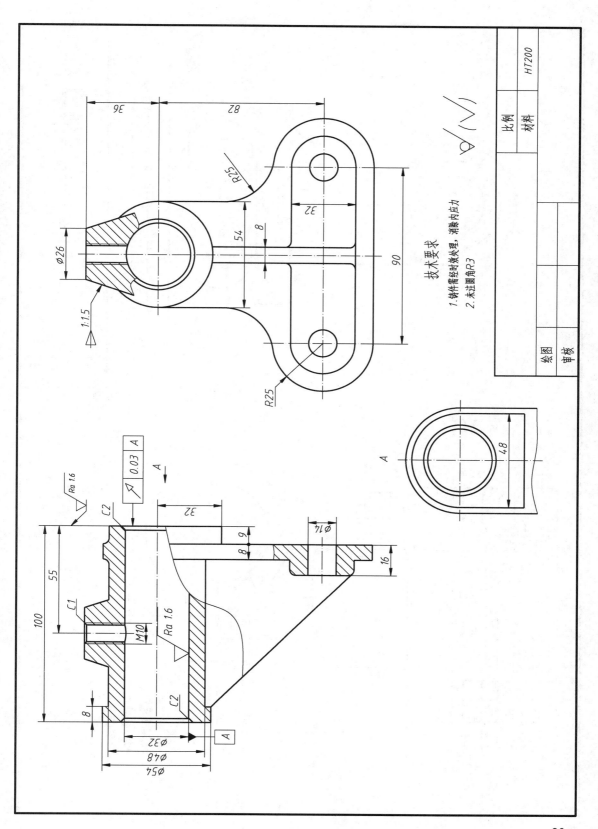

技术要求
1. 铸件需经时效处理, 消除内应力
2. 未注圆角R3

			HT200
		比例	
		材料	
绘图			
审核			

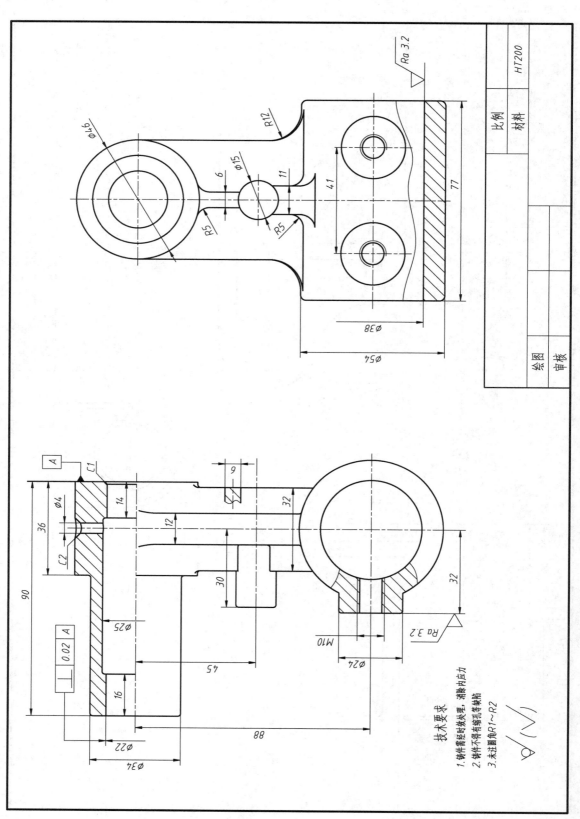

技术要求
1. 铸件需经时效处理，消除内应力
2. 铸件不得有缩孔等缺陷
3. 未注圆角R1~R2

比例
材料   HT200

绘图
审核

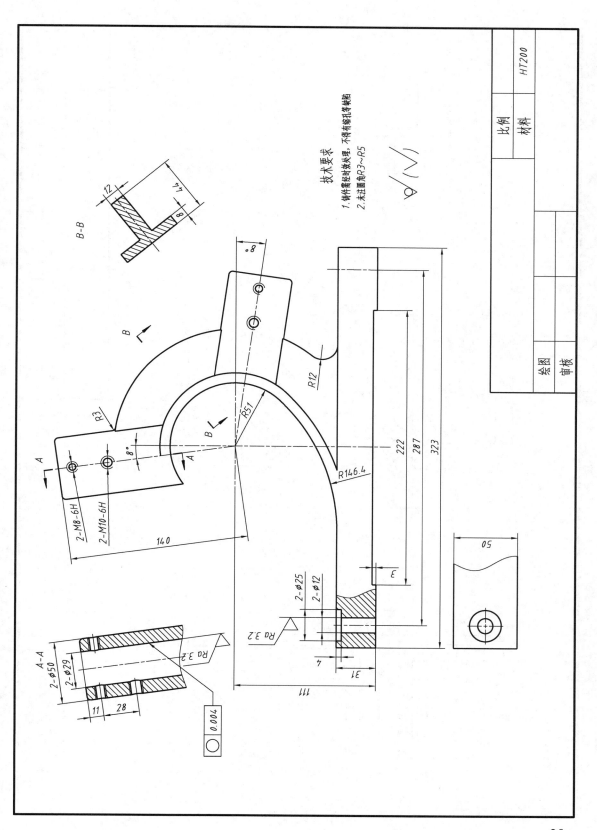

技术要求
1.铸件需经时效处理,不得有缩孔等缺陷
2.未注圆角R3~R5

B—B

A—A

HT200

比例

材料

绘图

审核

· 25 ·

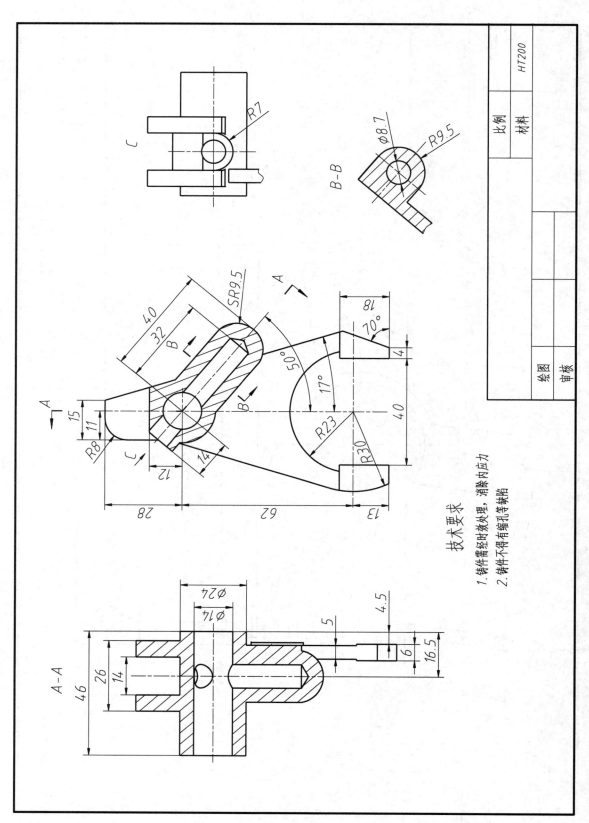

技术要求

1. 铸件需经时效处理，消除内应力
2. 铸件不得有缩孔等缺陷

比例		
材料	HT200	
绘图		
审核		

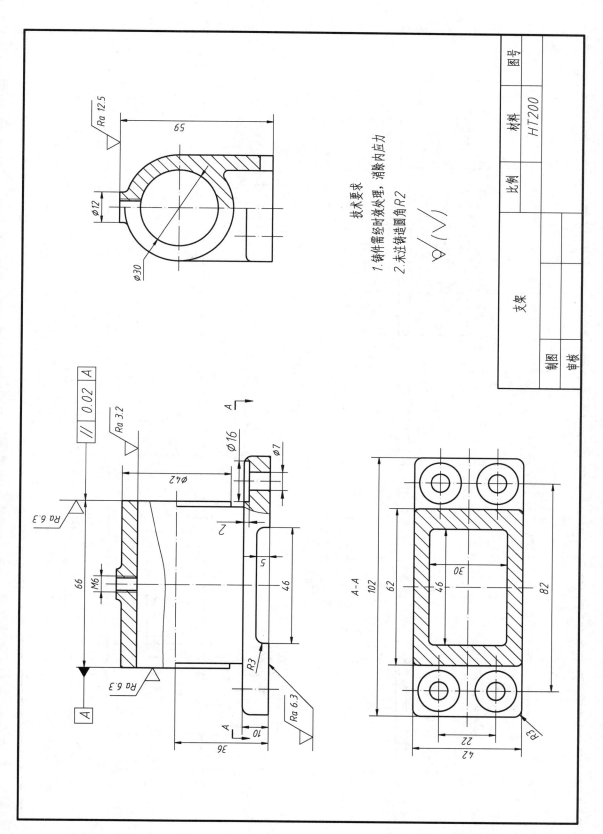

技术要求
1.铸件需经时效处理，消除内应力
2.未注铸造圆角 R2

$\sqrt{ }$ ($\sqrt{ }$)

支架

			比例	材料		图号
				HT200	
制图						
审核						

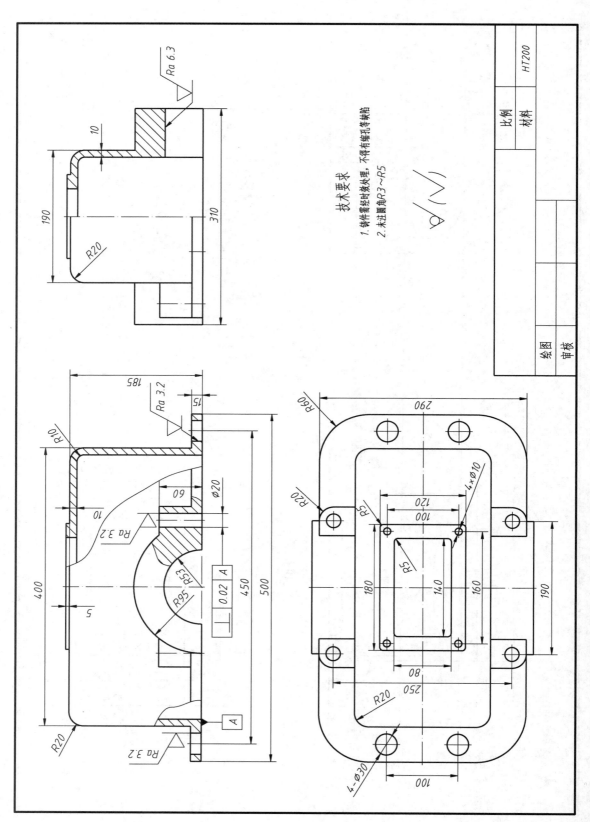

技术要求
1. 铸件需经时效处理，不得有缩孔等缺陷
2. 未注圆角R3～R5

HT200

比例
材料

绘图
审核

· 28 ·

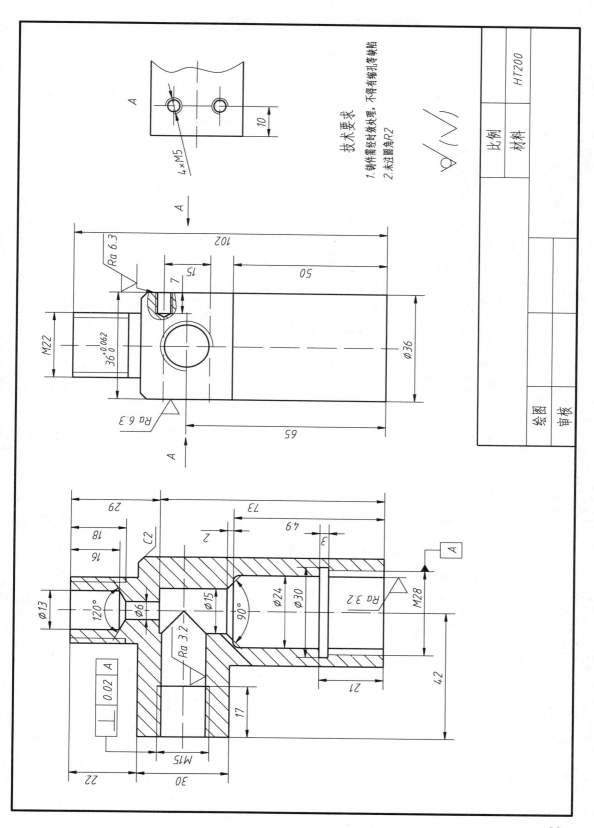

技术要求
1. 铸件高温时效处理, 不得有缩孔等轴裂
2. 未注圆角R2

HT200

比例

材料

绘图

审核

4×M5

Ra 6.3

M22

$36_{\,0}^{+0.062}$

Ra 6.3

102

50

65

15

7

Φ36

A

A

A

A

$\perp$ 0.02 A

Φ13

120°

Ra 3.2

C2

Φ6

Φ15

90°

Φ24

Φ30

Ra 3.2

M28

M15

29

18

16

2

73

49

3

21

42

17

22

30

A

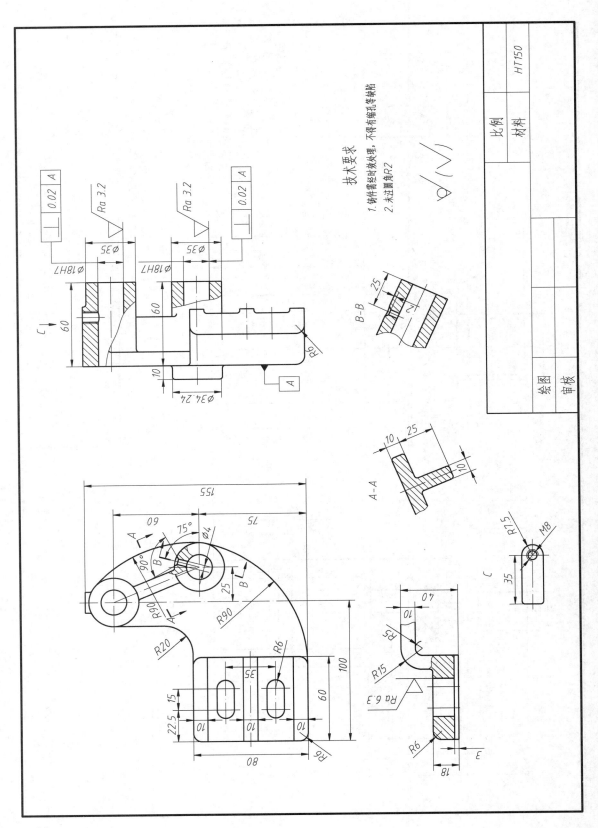

技术要求
1. 铸件需经时效处理，不得有缩孔等缺陷
2. 未注圆角R2

	比例		
材料	HT150		
绘图			
审核			

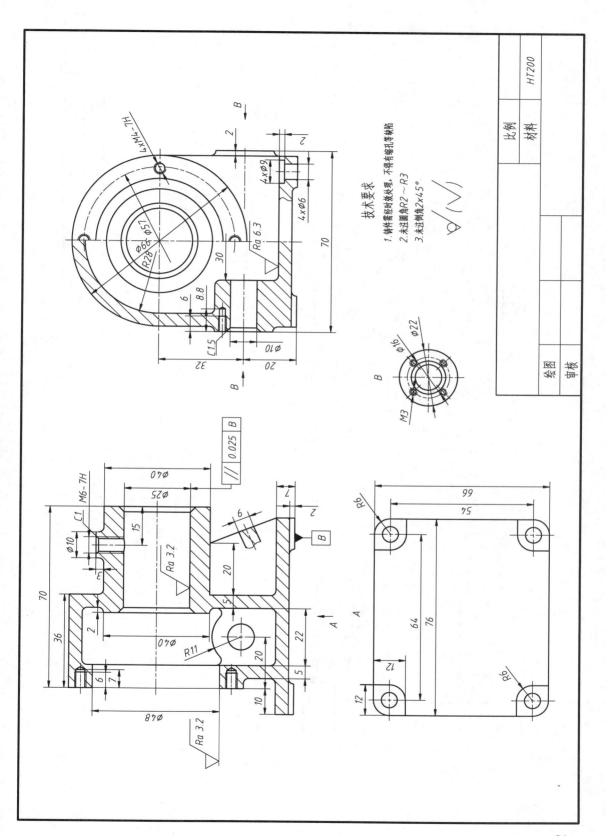

技术要求
1. 铸件需经时效处理，不得有缩孔等缺陷
2. 未注圆角R2～R3
3. 未注倒角2×45°

$\sqrt{}$ ($\sqrt{}$)

	HT200
比例	
材料	
绘图	
审核	

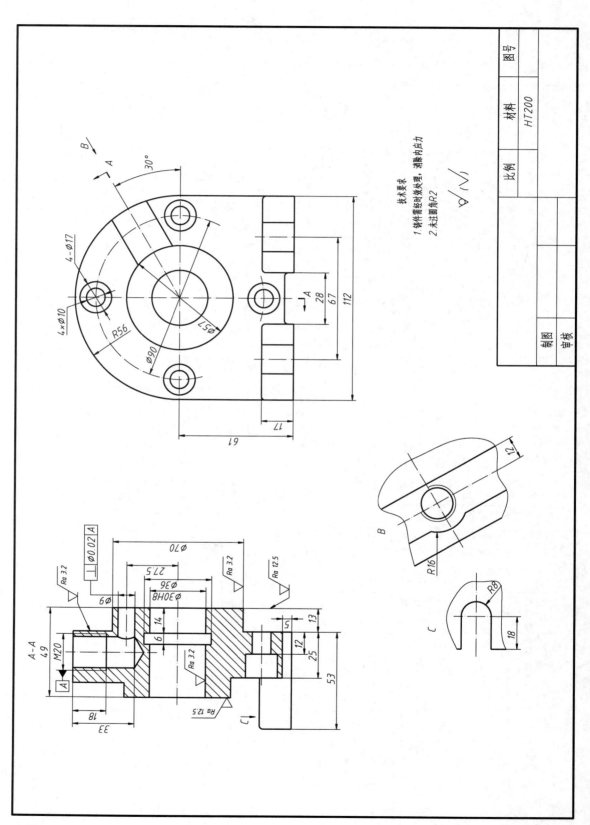

技术要求
1. 铸件需经时效处理, 消除内应力
2. 未注圆角R2

HT200

比例　材料　图号

制图　审核

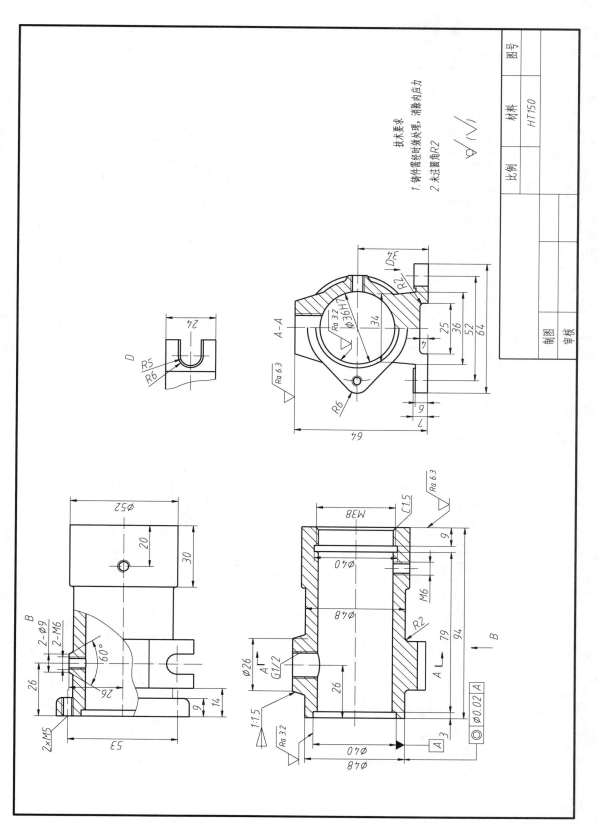

技术要求
1. 铸件需经时效处理，消除内应力
2. 未注圆角R2

	图号	
	材料	HT150
比例		
制图		
审核		

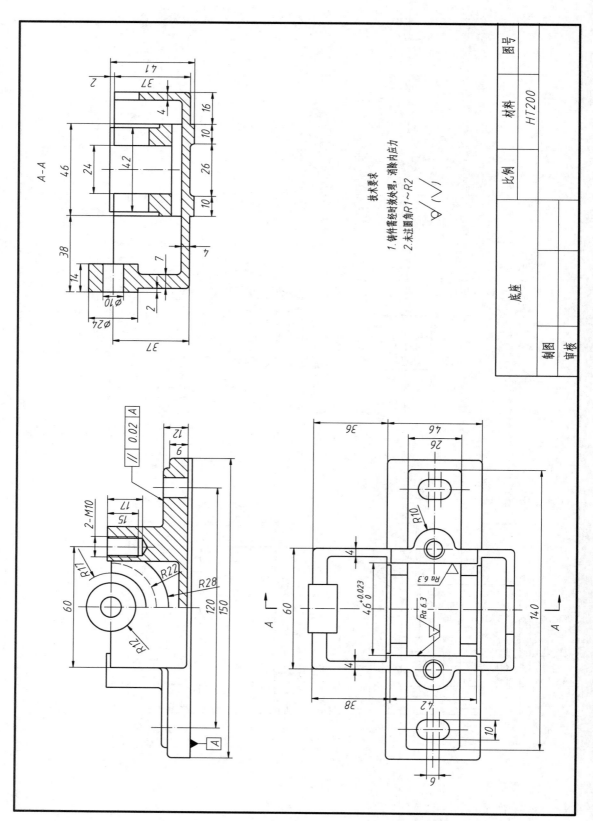

技术要求
1. 铸件需经时效处理，消除内应力
2. 未注圆角R1~R2

材料 HT200

底座

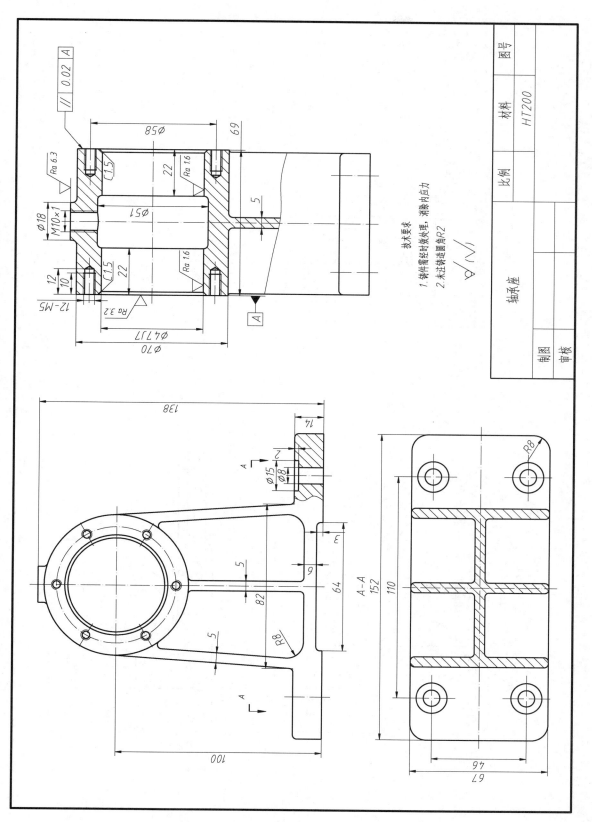

技术要求
1.铸件需经时效处理,消除内应力
2.未注铸造圆角R2

轴承座

	比例		材料	
			HT200	
				图号
制图				
审核				

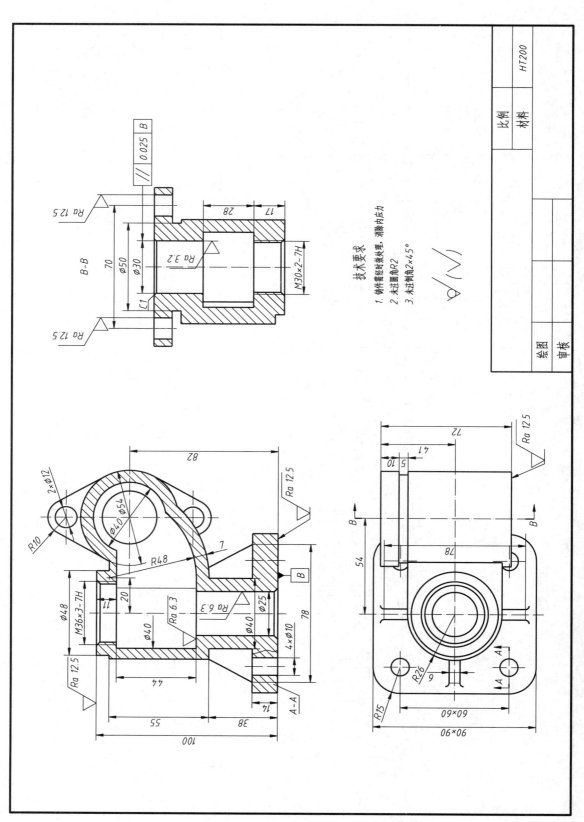

技术要求
1. 铸件靠时效处理，消除内应力
2. 未注圆角R2
3. 未注倒角2×45°

HT200

比例
材料

绘图
审核

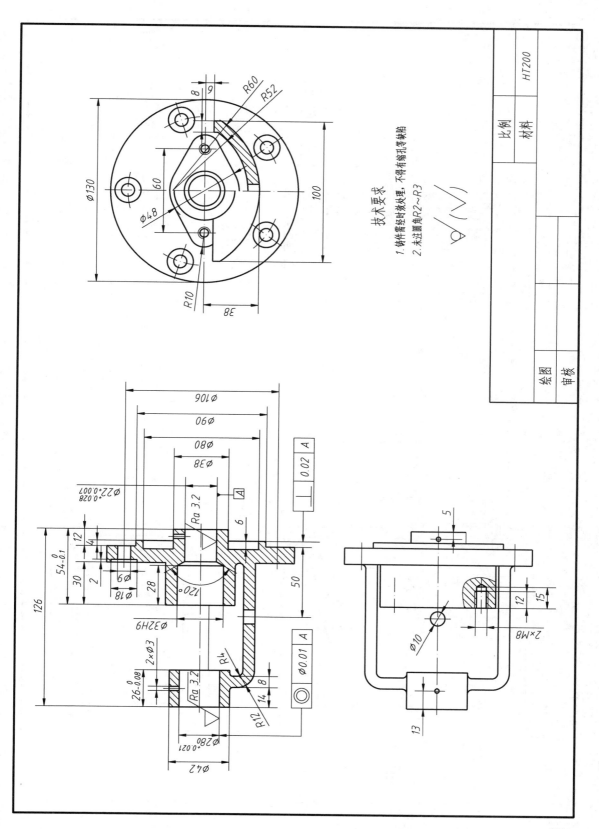

技术要求

1. 铸件需经时效处理，不得有缩孔等缺陷
2. 未注圆角R2~R3

$\sqrt{}(\sqrt{})$

HT200

	比例		
	材料		
绘图			
审核			

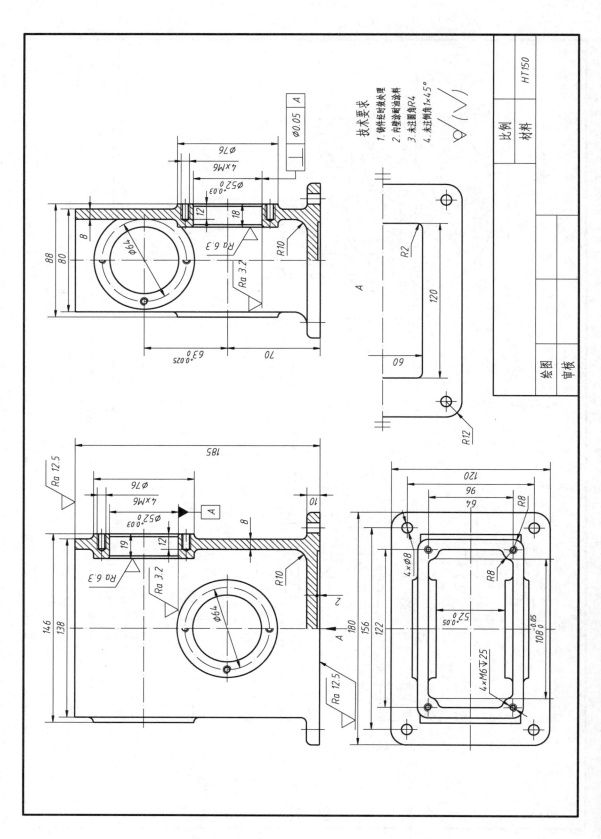

技术要求
1. 铸件经时效处理
2. 内壁涂耐油涂料
3. 未注圆角R4
4. 未注倒角1×45°

比例
材料   HT150

绘图
审核

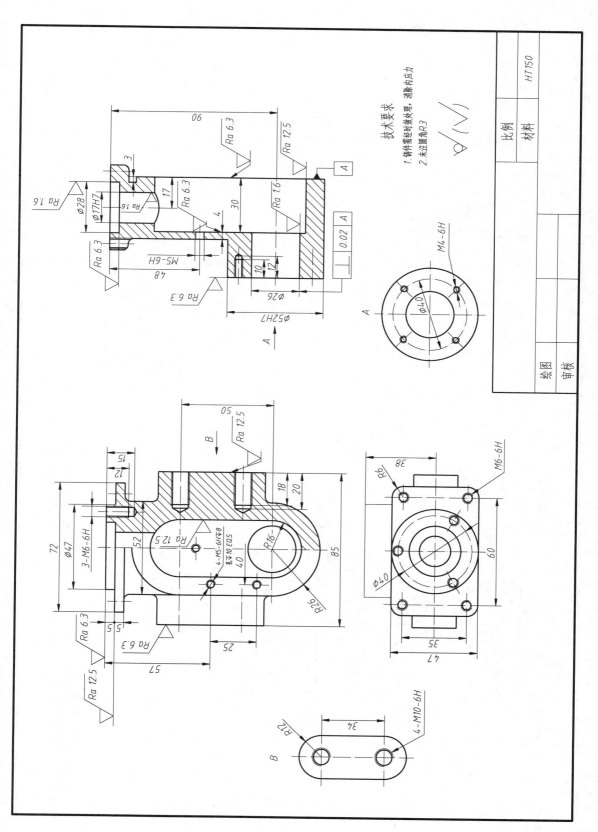

技术要求

1.铸件清砂时热处理，消除内应力
2.未注圆角R3

HT150

比例

材料

绘图

审核

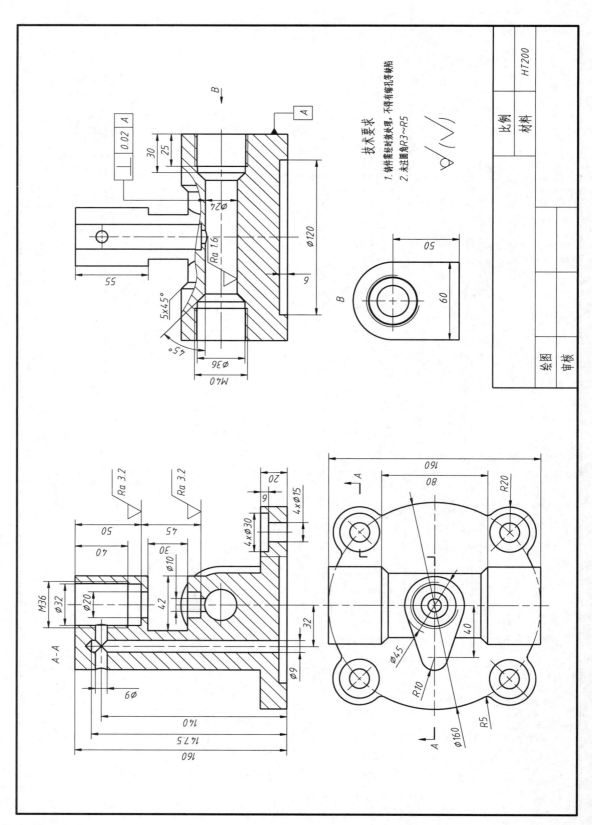

技术要求
1. 铸件套时经热处理,不得有砂孔等缺陷
2. 未注圆角R3~R5

HT200

比例
材料

绘图
审核

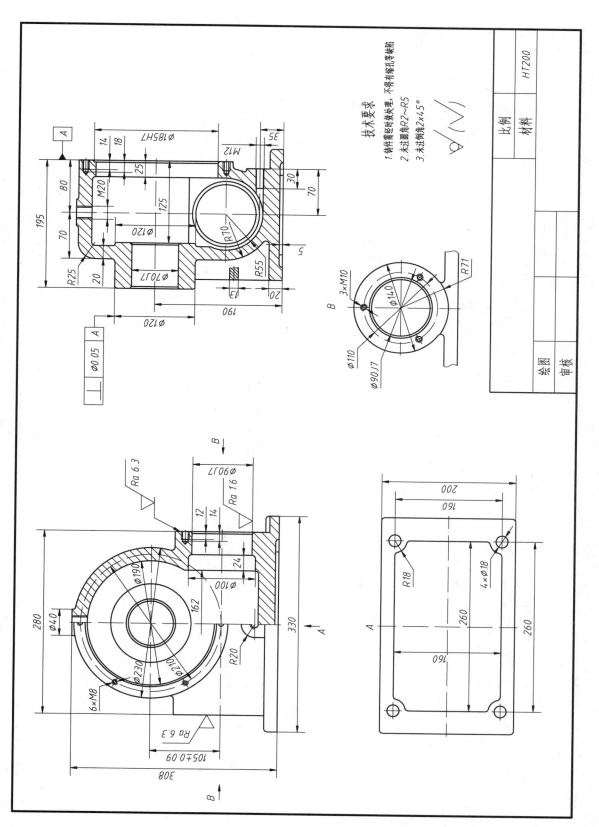

技术要求

1. 铸件需经时效处理. 不得有缩孔砂眼等缺陷
2. 未注圆角R2~R5
3. 未注倒角2×45°

		HT200
	比例	
	材料	
绘图		
审核		

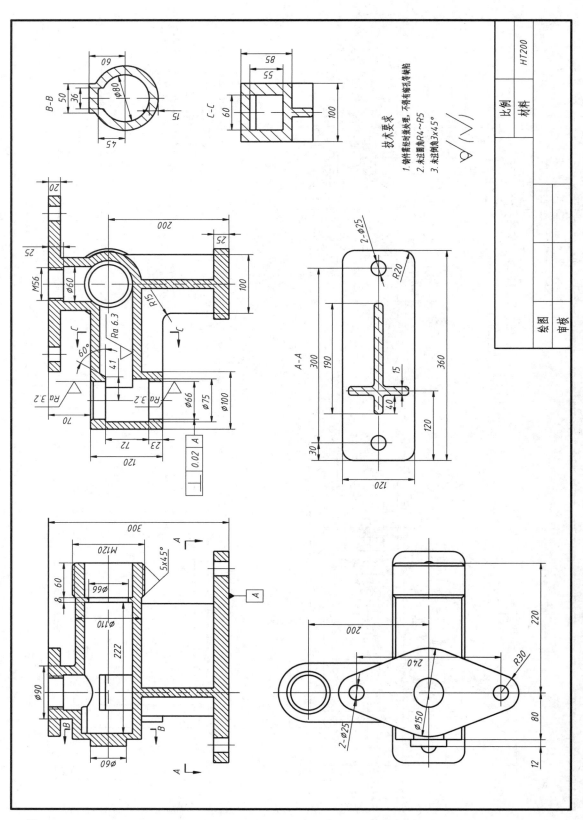

技术要求
1. 铸件需时效处理，不得有疏松等缺陷
2. 未注圆角R4~R5
3. 未注倒角3×45°

√(√)

	比例		
	材料	HT200	
绘图			
审核			

B-B
C-C
A-A

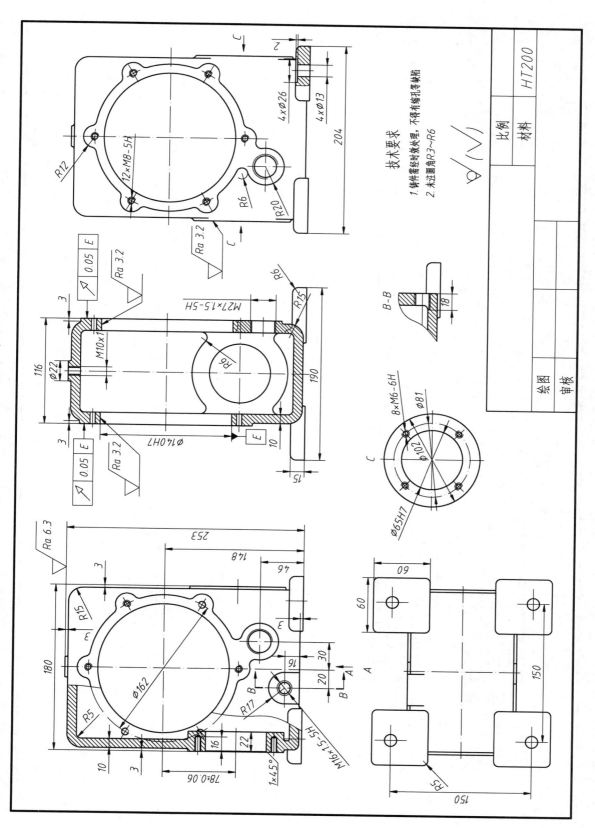

技术要求

1. 铸件需经时效处理，不得有缩孔等缺陷

2. 未注圆角R3~R6

| | | | | 比例 | | HT200 |
| | | | | 材料 | | |

绘图

审核

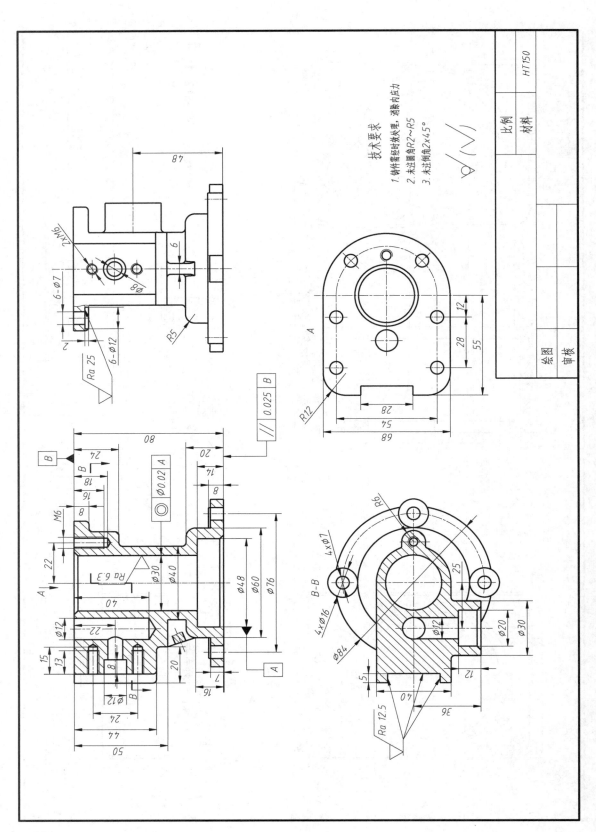

技术要求
1. 铸件需经时效处理,消除内应力
2. 未过圆角R2~R5
3. 未注倒角2×45°

HT150

比例
材料

绘图
审核

· 44 ·

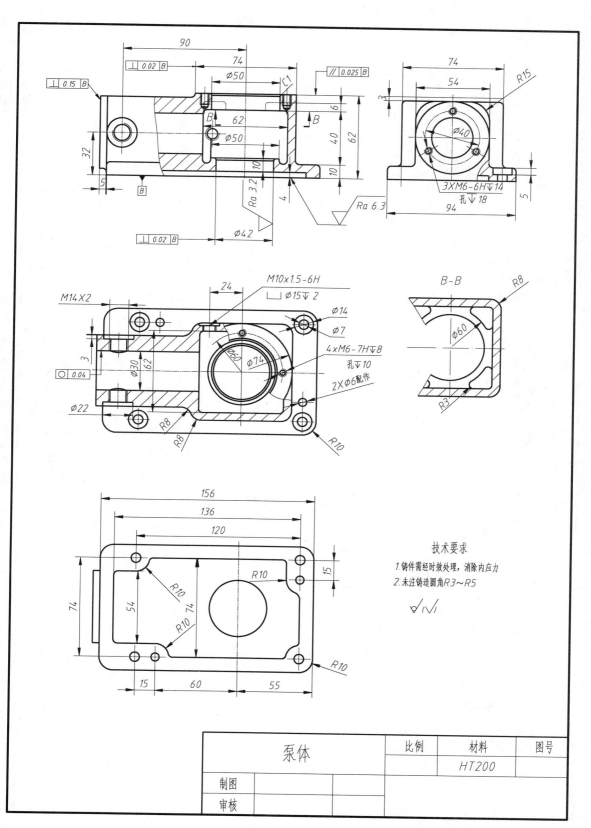

技术要求
1.铸件需经时效处理，消除内应力
2.未注铸造圆角R3~R5

泵体	比例	材料	图号
		HT200	
制图			
审核			

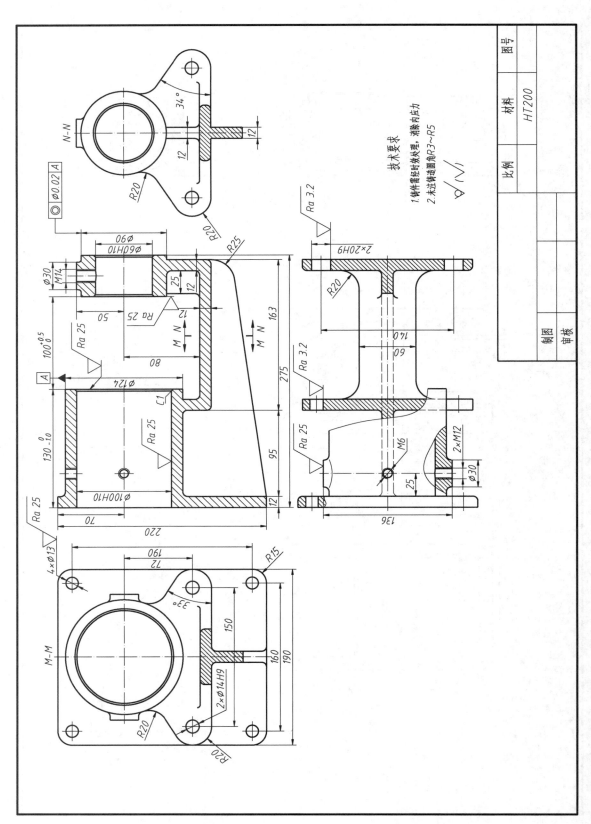

技术要求
1. 铸件需经时效处理, 消除内应力
2. 未过铸造圆角R3~R5

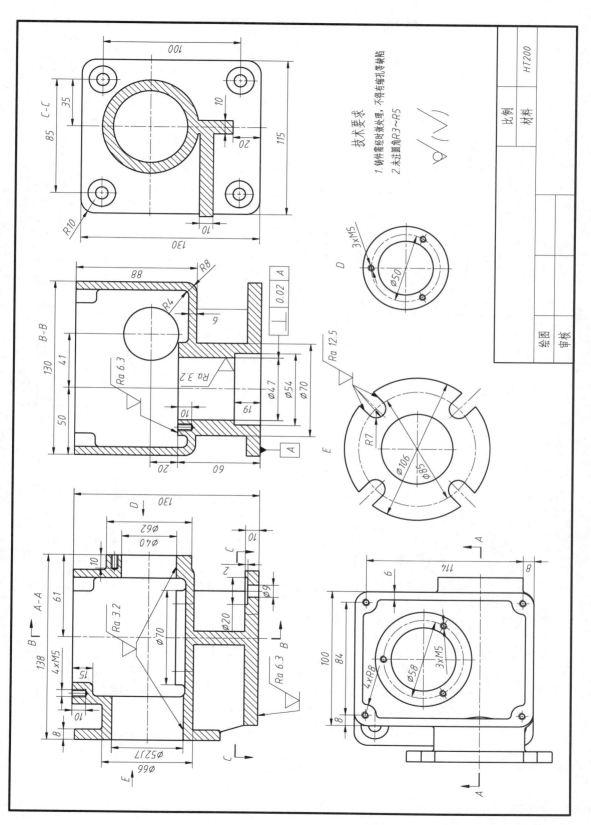

技术要求
1.铸件需经时效处理，不得有缩孔等缺陷
2.未注圆角R3~R5

HT200

比例
材料

绘图
审核

• 47 •

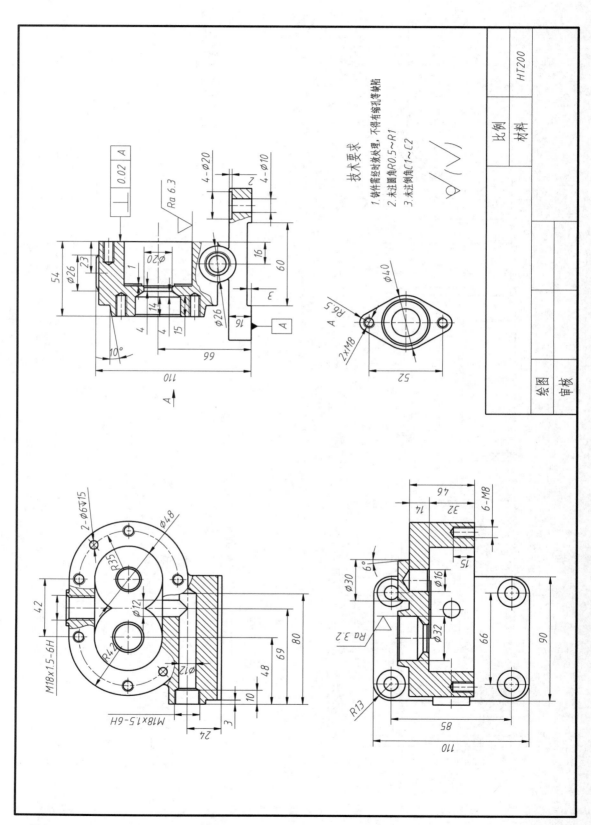

技术要求
1.铸件毛坯经时效处理，不得有缩孔等缺陷
2.未注圆角R0.5~R1
3.未注倒角C1~C2

HT200

比例

材料

绘图

审核

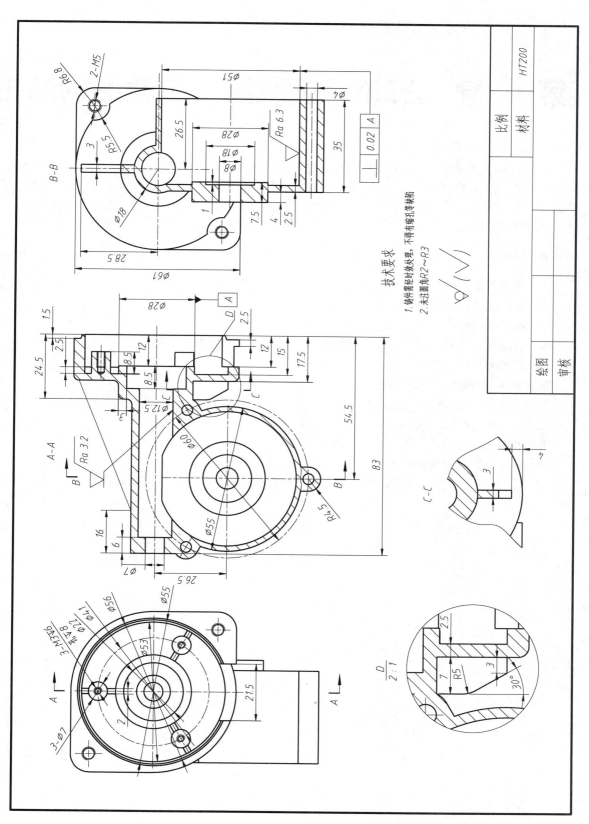

技术要求
1.铸件需经时效处理，不得有缩孔等缺陷
2.未注圆角R2~R3

材料 HT200

第4章 三维装配及装配工程图训练

本章内容为机械结构装配图与零件图，每一套装配图纸展示一种机械结构。请根据零件图创建三维模型，再根据装配要求进行零件装配，最后按照装配图图样要求，生成装配工程图。通过本章学习，可对常用的机械结构有深刻认识，掌握零件的三维装配技术，并能根据装配关系完成重要零件的设计，对学习者的机械设计及工程软件运用水平的提升有明显效果。

【训练目标】

1. 读懂机械装配图，能根据装配图纸了解机械装置的工作原理。
2. 能根据零件图纸完成零件三维造型。
3. 能够使用标准件库调用标准件。
4. 熟练运用三维装配约束工具，根据装配图要求完成零件的三维装配。
5. 对装配零件实施设计变更。
6. 掌握三维装配体的渲染技能。
7. 能够由三维装配体生成装配工程图，并能根据国家标准对工程图进行尺寸标注、零件序号标注、技术要求填写、BOM 表制订等。
8. 能够按零件的装配过程生成爆炸图。
9. 要求能够进行机构原理或工作过程动画仿真，并生成动画文件。
注：标准件自行在工程软件标准库调用或查阅相关机械设计手册进行建模。

4.1 平口钳

平口钳又名机用虎钳，是一种通用夹具，常用于安装小型工件。它是铣床、钻床的随机附件。将其固定在机床工作台上，用来夹持工件进行切削加工。工作过程：用扳手转动螺杆（5），通过螺杆传动推动活动钳身（9）移动，形成对工件的夹紧，反向旋转时松开。

 工作任务

1．根据所给的零件图建立相应的三维模型，每个零件模型对应一个文件，文件名为该零件名称。

2．按照给定的装配示意图将零件三维模型进行装配，命名为"平口钳三维装配体"。

3．根据拆装顺序对平口钳装配体进行三维爆炸分解，并输出分解动画文件，命名为"平口钳分解动画"。

4．按照装配工程图样生成二维装配工程图（包括视图、零件序号、尺寸、明细表、标题栏等），命名为"平口钳二维装配图"。

5．生成平口钳运动仿真动画，其中钳座与活动钳身应逐渐透明然后消隐，能看清楚螺杆与丝杆螺母配合传动，并生成 AVI 格式文件，命名为"平口钳运动仿真动画"。

 **扫一扫**

扫二维码观看平口钳分解动画和运动仿真动画

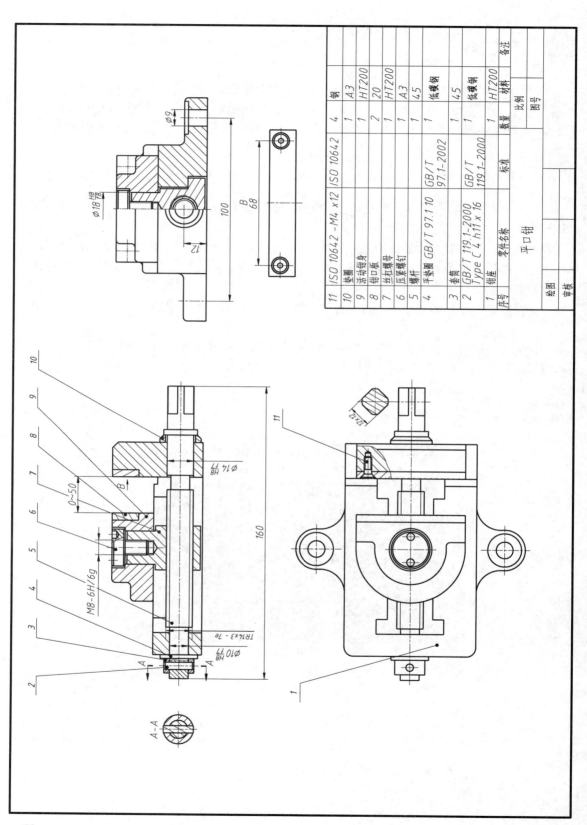

11	ISO 10642-M4 x12	ISO 10642	4	钢	
10	垫圈		1	A3	
9	活动钳身		1	HT200	
8	钳口板		2	20	
7	丝杠螺母		1	HT200	
6	压紧螺钉		1	A3	
5	螺杆		1	45	
4	平垫圈 GB/T 97.1 10	GB/T 97.1-2002	1	低碳钢	
3	套筒		1	45	
2	GB/T 119.1-2000 Type C 4 h11 x 16	GB/T 119.1-2000	1	低碳钢	
1	钳座		1	HT200	
序号	零件名称	标准	数量	材料	备注

平口钳

| 绘图 | | 比例 | |
| 审核 | | 图号 | |

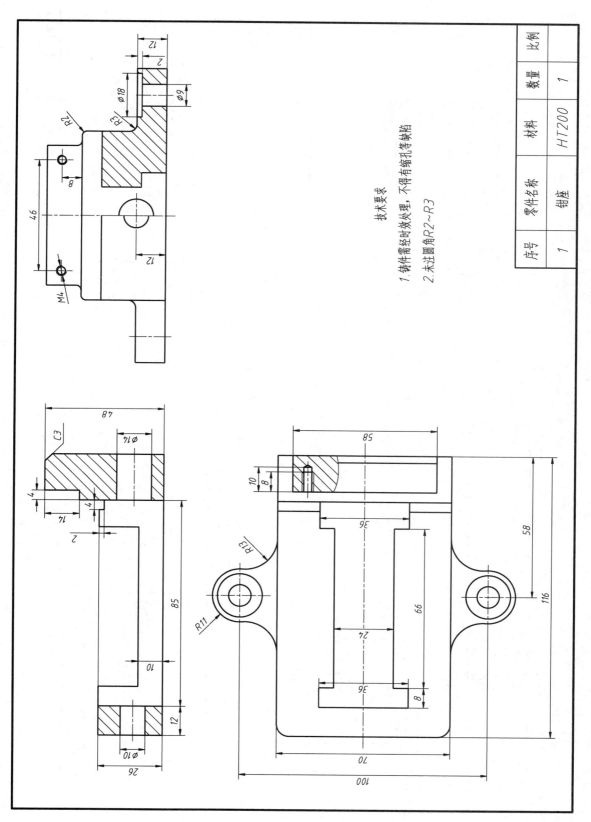

技术要求

1. 铸件需经时效处理，不得有缩孔等缺陷
2. 未注圆角R2~R3

序号	零件名称	材料	数量	比例
1	钳座	HT200	1	

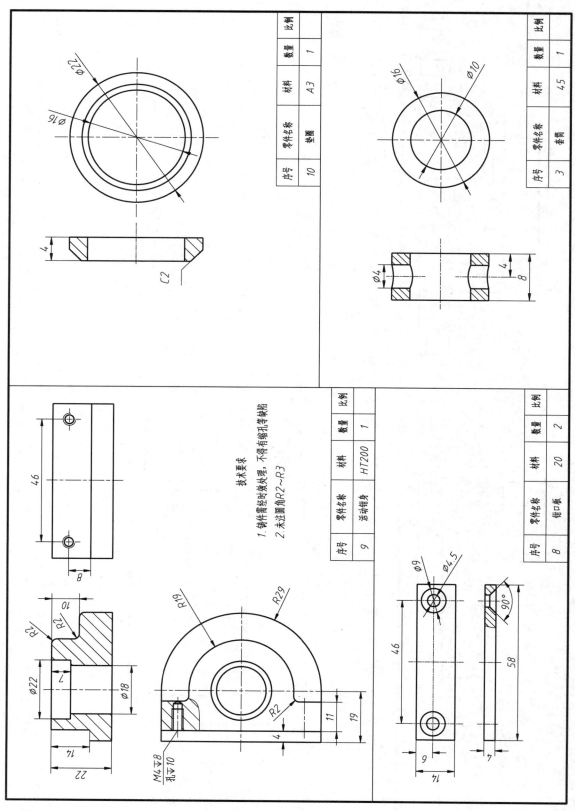

序号	零件名称	材料	数量	比例
10	垫圈	A3	1	

序号	零件名称	材料	数量	比例
3	套筒	45	1	

技术要求
1. 铸件需经时效处理，不得有缩孔等缺陷
2. 未注圆角R2~R3

序号	零件名称	材料	数量	比例
9	活动钳身	HT200	1	

序号	零件名称	材料	数量	比例
8	钳口板	20	2	

· 54 ·

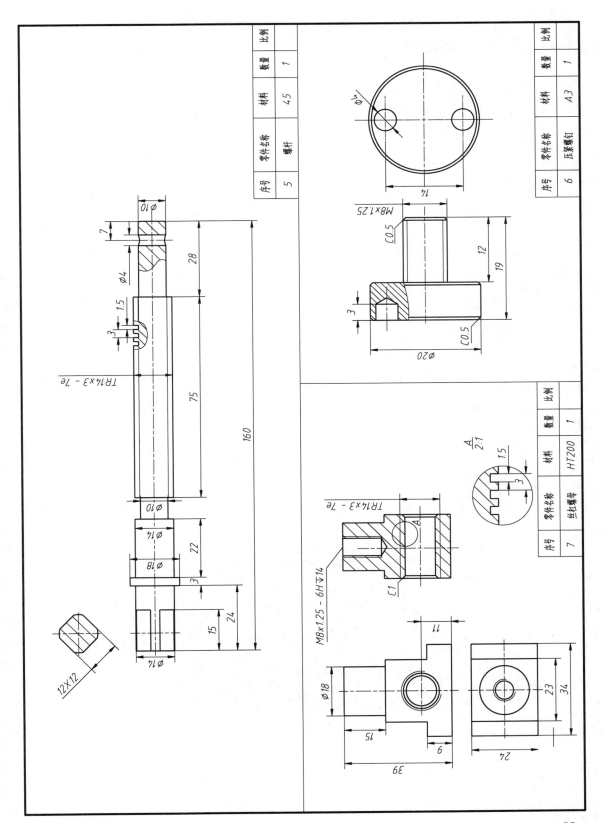

序号	零件名称	材料	数量	比例
5	螺杆	45	1	

序号	零件名称	材料	数量	比例
6	压紧螺钉	A3	1	

序号	零件名称	材料	数量	比例
7	丝杠螺母	HT200	1	

4.2 螺旋压紧机构

此机构为点位压紧装置。工作过程：用扳手顺时针旋转套筒螺母（11），螺杆（2）向右移动，杠杆（1）在螺杆的拉动下，绕着轴销逆时针旋转实现压紧作用。套筒螺母逆时针旋转时，螺杆向左移动，同时，在弹簧（3）作用下，杠杆复位，松开。

 工作任务

1. 根据所给的零件图建立相应的三维模型，每个零件模型对应一个文件，文件名为该零件名称。

2. 按照给定的装配示意图将零件三维模型进行装配，命名为"螺旋压紧机构三维装配体"。

3. 根据拆装顺序对螺旋压紧机构装配体进行三维爆炸分解，并输出分解动画文件，命名为"螺旋压紧机构分解动画"。

4. 按照装配工程图样生成二维装配工程图（包括视图、零件序号、尺寸、明细表、标题栏等），命名为"螺旋压紧机构二维装配图"。

5. 生成螺旋压紧机构运动仿真动画，并生成 AVI 格式文件，命名为"螺旋压紧机构运动仿真动画"。

6. 由机体模型（7 号件）生成如机体零件图所示的二维图，标注尺寸，命名为"机体零件图"。

 扫一扫

扫二维码观看螺旋压紧机构分解动画和运动仿真动画

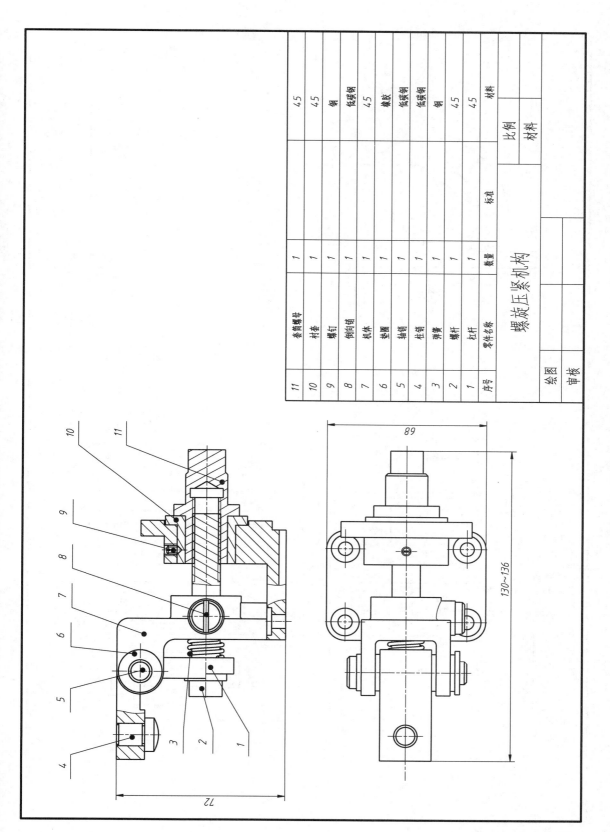

序号	零件名称	数量	材料
11	套筒螺母	1	45
10	衬套	1	45
9	螺钉	1	钢
8	倒向销	1	低碳钢
7	机体	1	45
6	垫圈	1	橡胶
5	轴销	1	低碳钢
4	柱销	1	低碳钢
3	弹簧	1	钢
2	螺杆	1	45
1	杠杆	1	45

螺旋压紧机构

比例	
材料	
标准	
绘图	
审核	

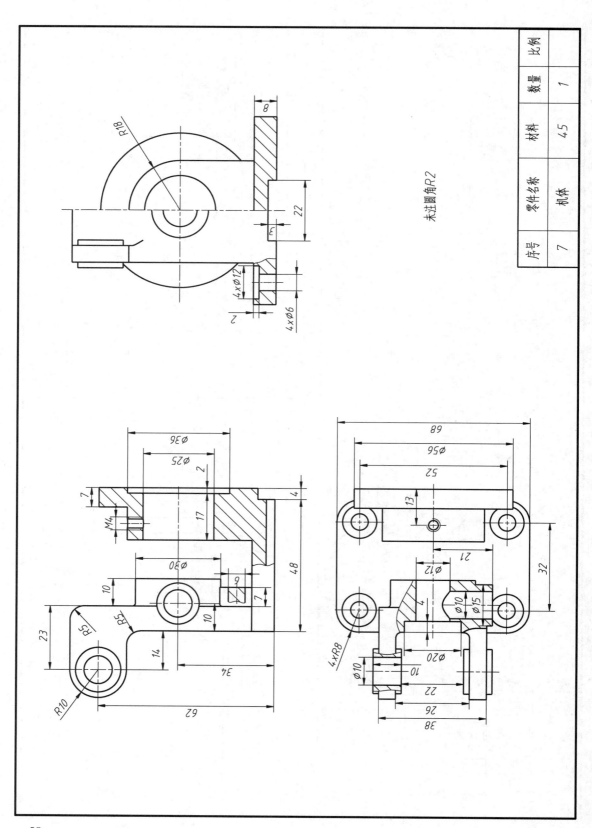

未注圆角R2

序号	零件名称		材料	数量	比例
7	机体		45	1	

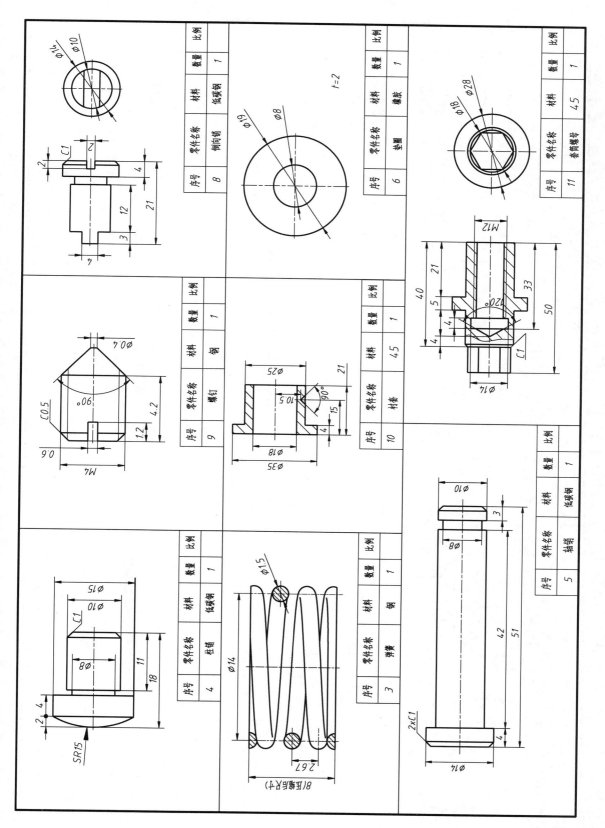

序号	零件名称	材料	数量	比例
8	倒向销	低碳钢	1	

序号	零件名称	材料	数量	比例
6	垫圈	橡胶	1	

序号	零件名称	材料	数量	比例
11	套筒螺母	45	1	

序号	零件名称	材料	数量	比例
9	螺钉	钢	1	

序号	零件名称	材料	数量	比例
10	衬套	45	1	

序号	零件名称	材料	数量	比例
5	轴销	低碳钢	1	

序号	零件名称	材料	数量	比例
4	柱销	低碳钢	1	

序号	零件名称	材料	数量	比例
3	弹簧	钢	1	

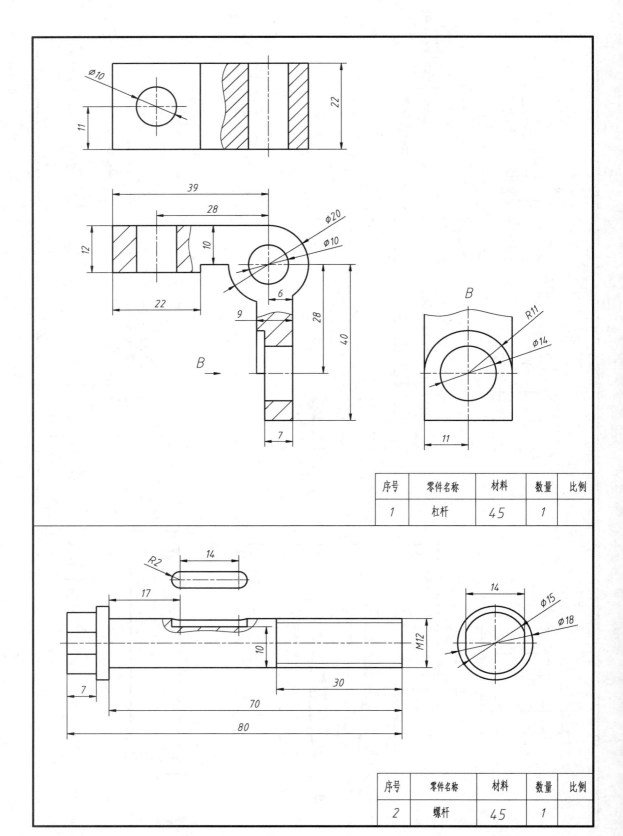

序号	零件名称	材料	数量	比例
1	杠杆	45	1	

序号	零件名称	材料	数量	比例
2	螺杆	45	1	

4.3 夹具

此夹具主要用来装夹圆棒类零件。工作过程：用扳手顺时针旋转螺杆（10），螺杆向前移动，并通过斜面推动顶轴（7）向上移动，压铁（5）在顶轴推动的作用下绕着销轴（6）逆时针旋转，实现压紧作用，螺杆逆时针旋转并向右退回，顶轴在弹簧（8）的作用下向下移动，压铁松开。

 工作任务

1. 根据所给的零件图建立相应的三维模型，每个零件模型对应一个文件，文件名为该零件名称。
2. 按照给定的装配示意图将零件三维模型进行装配，命名为"夹具三维装配体"。
3. 根据拆装顺序对夹具装配体进行三维爆炸分解，并输出分解动画文件，命名为"夹具分解动画"。
4. 按照装配工程图样生成二维装配工程图（包括视图、零件序号、尺寸、明细表、标题栏等），命名为"夹具二维装配图"。
5. 生成夹具运动仿真动画，其中上盖与夹具体应逐渐透明然后消隐，能看清楚夹具的工作过程，并生成 AVI 格式文件，命名为"夹具运动仿真动画"。

 扫一扫

扫二维码观看夹具分解动画和运动仿真动画

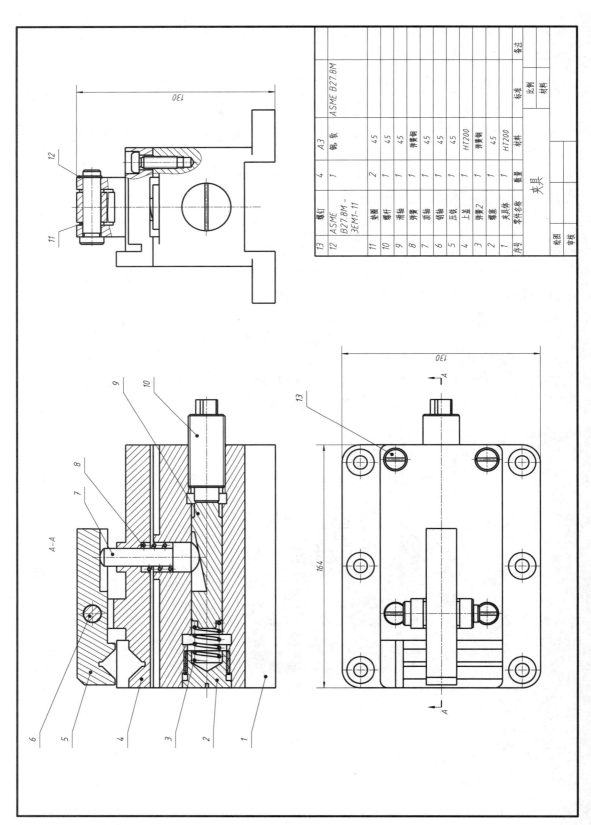

13	螺钉	4	A3	ASME B27.8M	
12	ASME B27.8M-3EM1-11	1	钢 铁		
11	垫圈	2	45		
10	螺杆	1	45		
9	滑轴	1	45		
8	弹簧	1	弹簧钢		
7	顶轴	1	45		
6	钳销轴	1	45		
5	压铁	1	45		
4	上盖	1	HT200		
3	弹簧2	1	弹簧钢		
2	螺盖	1	45		
1	夹具体	1	HT200		
序号	零件名称	数量	材料		备注

夹具

标准 比例
材料

绘图
审核

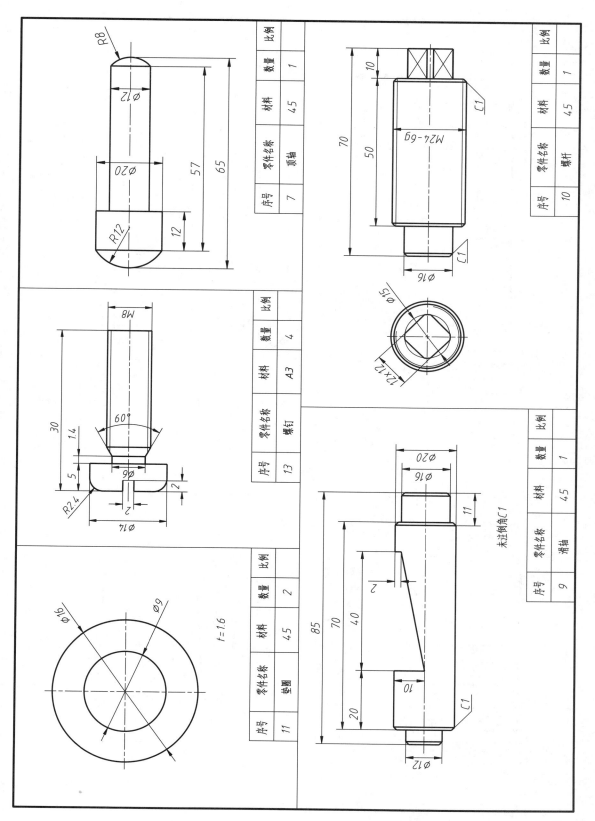

序号	零件名称	材料	数量	比例
7	顶轴	45	1	

序号	零件名称	材料	数量	比例
10	螺杆	45	1	

序号	零件名称	材料	数量	比例
13	螺钉	A3	4	

序号	零件名称	材料	数量	比例
9	滑轴	45	1	

未注倒角C1

序号	零件名称	材料	数量	比例
11	垫圈	45	2	

t=1.6

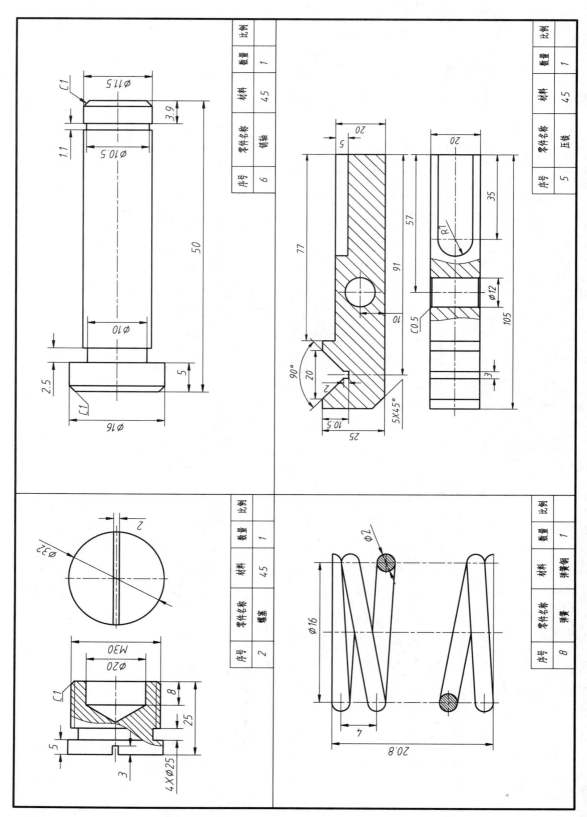

序号	零件名称	材料	数量	比例
6	销轴	45	1	

序号	零件名称	材料	数量	比例
5	压铁	45	1	

序号	零件名称	材料	数量	比例
2	螺套	45	1	

序号	零件名称	材料	数量	比例
8	弹簧	弹簧钢	1	

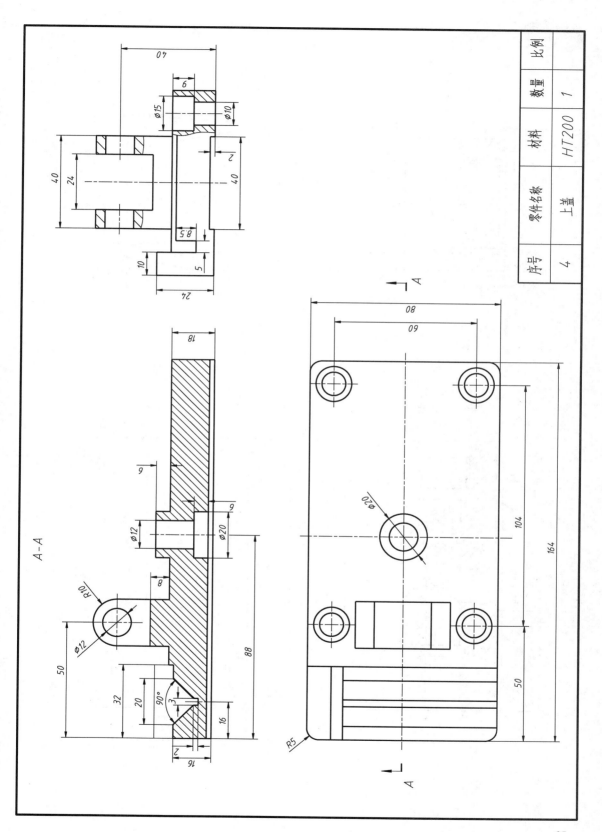

序号	零件名称	材料	数量	比例
4	上盖	HT200	1	

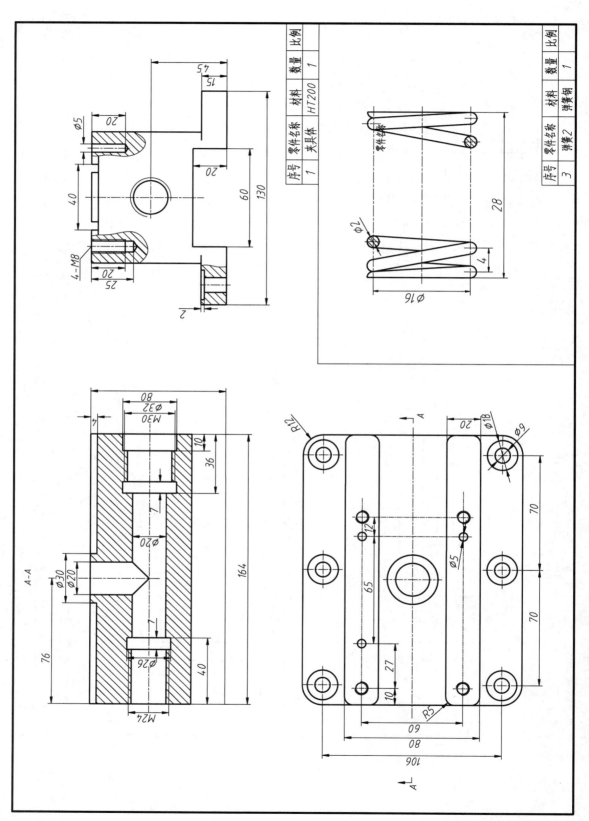

序号	零件名称	材料	数量	比例
1	夹具体	HT200	1	

序号	零件名称	材料	数量	比例
3	弹簧2	弹簧钢	1	

4.4 摇杆机构

此机构是利用旋转运动转换为直线运动的装置。工作过程：转动手柄（11）带动手轮（10）、连接轴（3）旋转，固定在连接轴（3）上的销（4）通过滑槽推动摆轮（6）绕着螺柱（5）旋转摆动，摆轮另一端为齿轮状，通过齿轮齿条啮合传动原理，驱动齿条（2）实现直线运动。

 工作任务

1. 根据所给的零件图建立相应的三维模型，每个零件模型对应一个文件，文件名为该零件名称。

2. 按照给定的装配示意图将零件三维模型进行装配，命名为"摇杆机构三维装配体"。

3. 根据拆装顺序对摇杆机构装配体进行三维爆炸分解，并输出分解动画文件，命名为"摇杆机构分解动画"。

4. 按照装配工程图样生成二维装配工程图（包括视图、零件序号、尺寸、明细表、标题栏等），命名为"摇杆机构二维装配图"。

5. 生成摇杆机构运动仿真动画，并生成 AVI 格式文件，命名为"摇杆机构运动仿真动画"。

 扫一扫

扫二维码观看摇杆机构分解动画和运动仿真动画

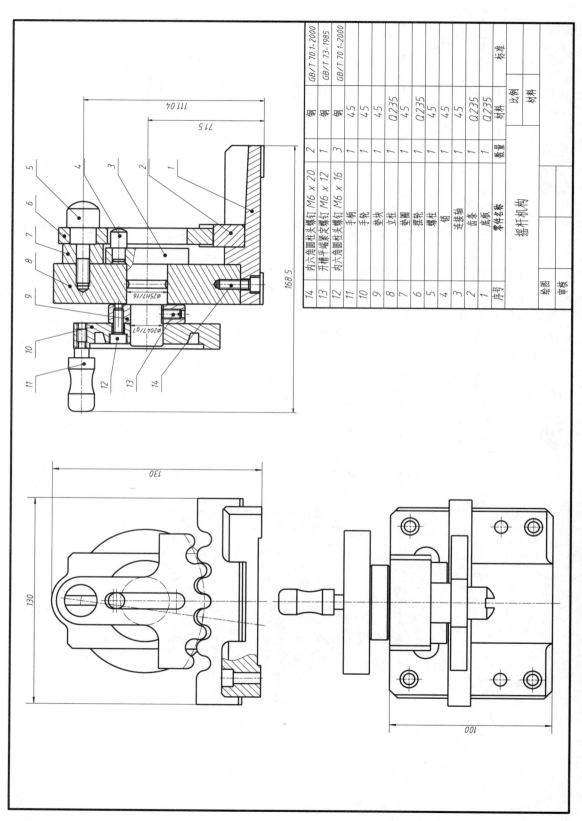

14	内六角圆柱头螺钉 M6×20	2	钢	GB/T 70.1-2000
13	开槽平端紧定螺钉 M6×12	1	钢	GB/T 73-1985
12	内六角圆柱头螺钉 M6×16	3	钢	GB/T 70.1-2000
11	手柄	1	45	
10	手轮	1	45	
9	拨块	1	45	
8	立柱	1	Q235	
7	垫圈	1	45	
6	摆轮	1	Q235	
5	螺杆	1	45	
4	销	1	45	
3	连接轴	1	45	
2	齿条	1	Q235	
1	底板	1	Q235	
序号	零件名称	数量	材料	标准

摇杆机构

绘图		比例	
审核		材料	

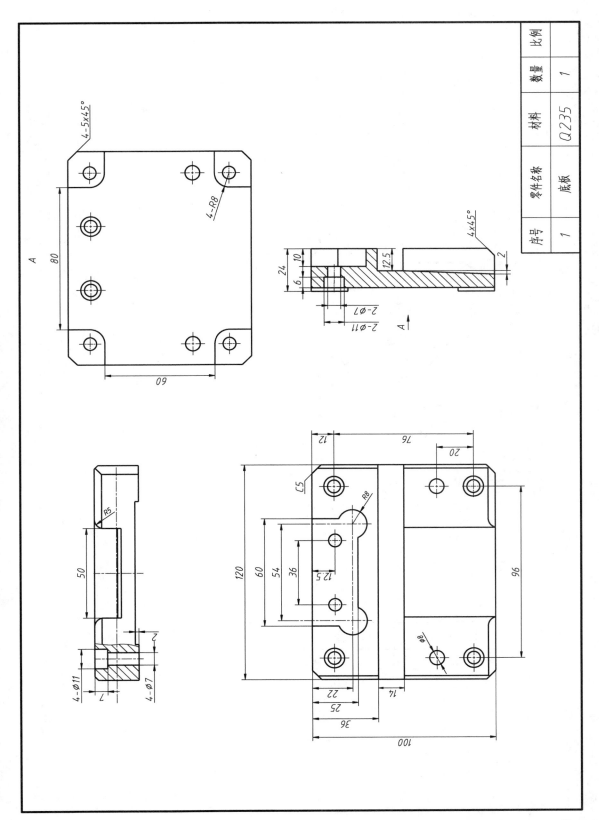

序号	零件名称	材料	数量	比例
1	底板	Q235	1	

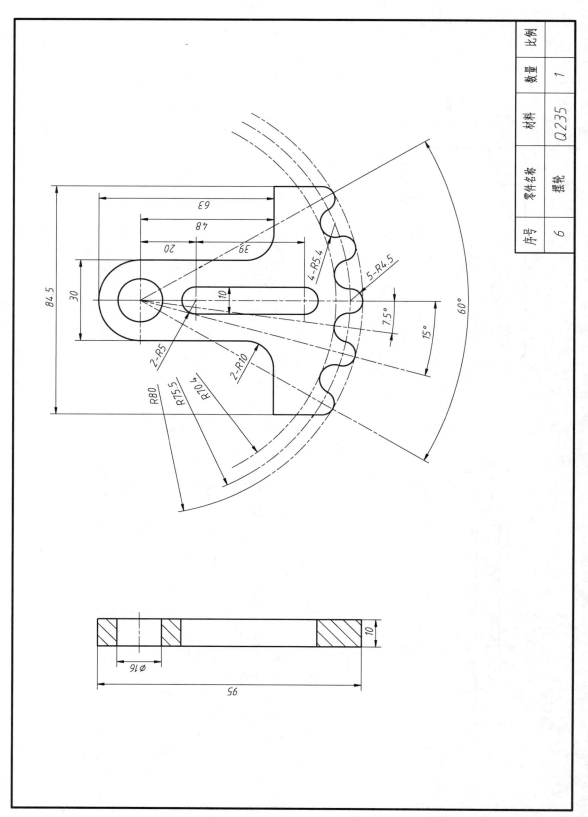

序号	零件名称	材料	数量	比例
6	摆轮	Q235	1	

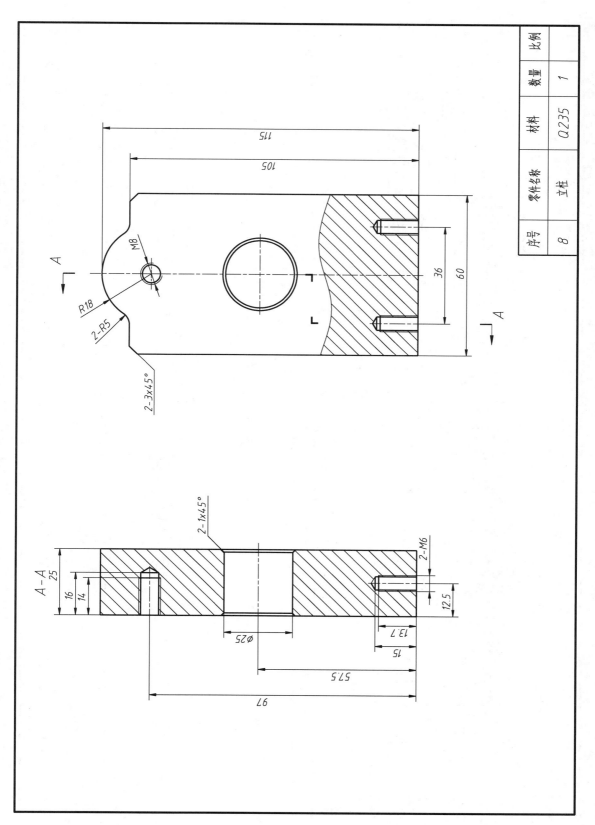

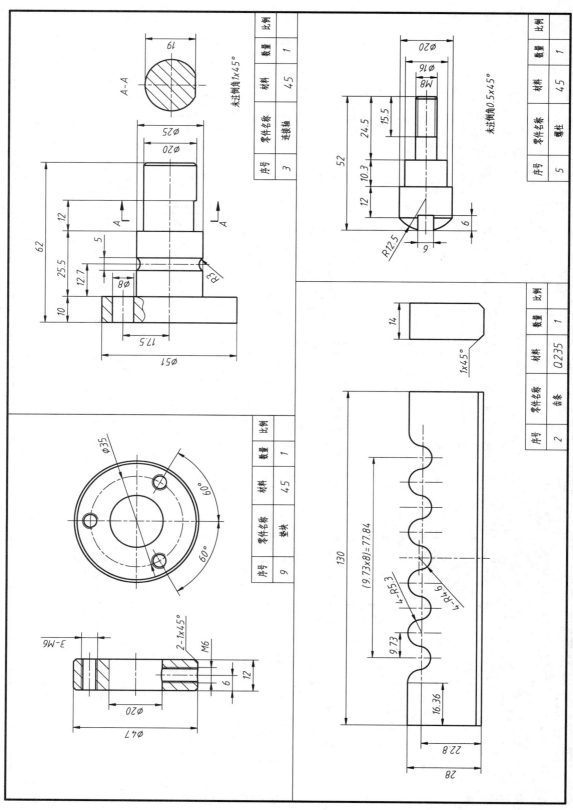

未注倒角1x45°

序号	零件名称	材料	数量	比例
3	连接轴	45	1	

A-A

未注倒角0.5x45°

序号	零件名称	材料	数量	比例
5	螺柱	45	1	

序号	零件名称	材料	数量	比例
2	齿条	Q235	1	

序号	零件名称	材料	数量	比例
9	垫块	45	1	

· 72 ·

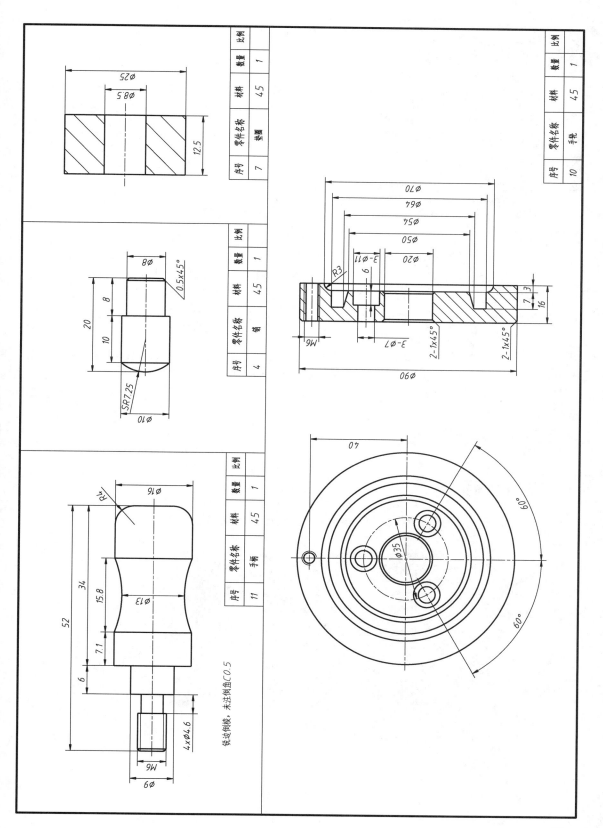

序号	零件名称	材料	数量	比例
7	垫圈	45	1	

序号	零件名称	材料	数量	比例
4	销	45	1	

序号	零件名称	材料	数量	比例
10	手轮	45	1	

序号	零件名称	材料	数量	比例
11	手柄	45	1	

锐边倒钝，未注倒角C0.5

4.5 调压阀

调压阀是一种自动调整机器内部压力的装置。阀瓣（2）工作过程：端与阀体（1）内腔中$\phi37$孔的左端紧密贴合，当右侧管路中气体的压力大于额定压力时，阀瓣向左运动，使阀瓣和阀体内腔之间产生缝隙，高压气体从下方管路流出，从而达到调节压力的作用。

工作任务

1．根据所给的零件图建立相应的三维模型，每个零件模型对应一个文件，文件名为该零件名称。

2．按照给定的装配示意图将零件三维模型进行装配，命名为"调压阀三维装配体"。

3．根据拆装顺序对调压阀装配体进行三维爆炸分解，并输出分解动画文件，命名为"调压阀分解动画"。

4．按照装配工程图样生成二维装配工程图（包括视图、零件序号、尺寸、明细表、标题栏等），命名为"调压阀二维装配图"。

5．生成调压阀运动仿真动画，其中阀体应逐渐透明然后消隐，能看清楚调压阀的工作过程，并生成 AVI 格式文件，命名为"调压阀运动仿真动画"。

6．由阀瓣模型（2 号件）生成如阀瓣零件图所示的二维图，标注尺寸，命名为"阀瓣零件图"。

本套图摘自广东省图形技能与创新设计竞赛考题。

扫二维码观看调压阀分解动画和运动仿真动画

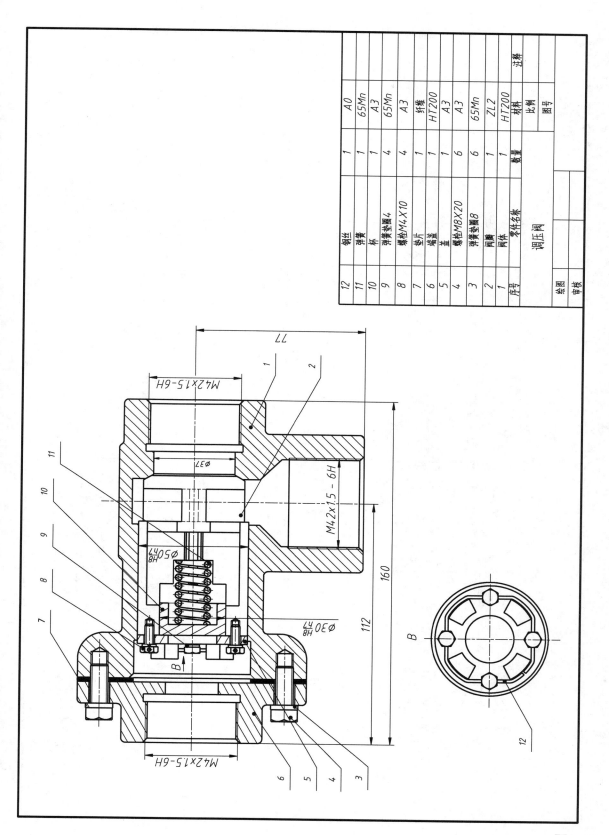

序号	零件名称	数量	材料	注释
12	钢丝	1	A0	
11	弹簧	1	65Mn	
10	杯	1	A3	
9	弹簧垫圈4	4	65Mn	
8	螺栓M4X10	4	A3	
7	垫片	1	纤维	
6	端盖	1	HT200	
5		1	A3	
4	螺栓M8X20	6	A3	
3	弹簧垫圈8	6	65Mn	
2	阀罩	1	ZL2	
1	阀体	1	HT200	

调压阀

绘图　　审核

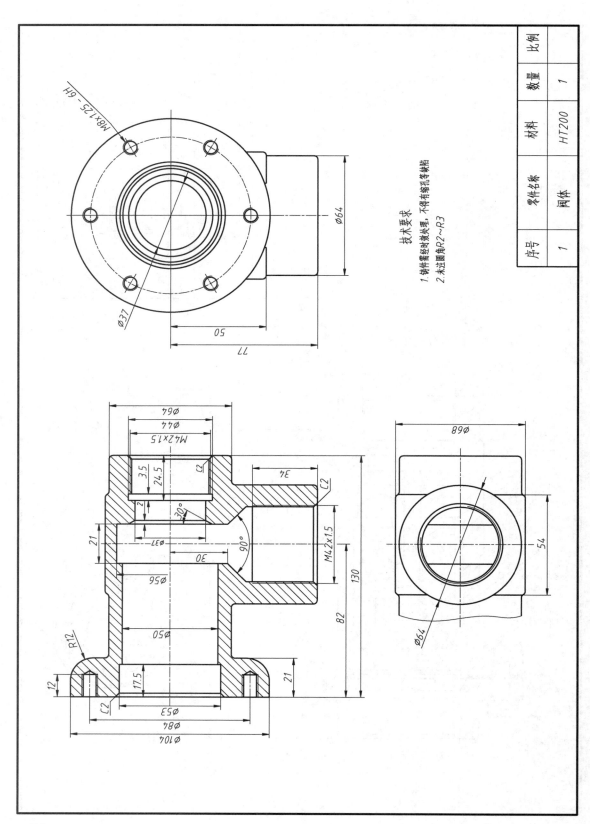

技术要求
1. 铸件经时效处理，不得有缩孔等缺陷
2. 未注圆角R2~R3

序号	零件名称	材料	数量	比例
1	阀体	HT200	1	

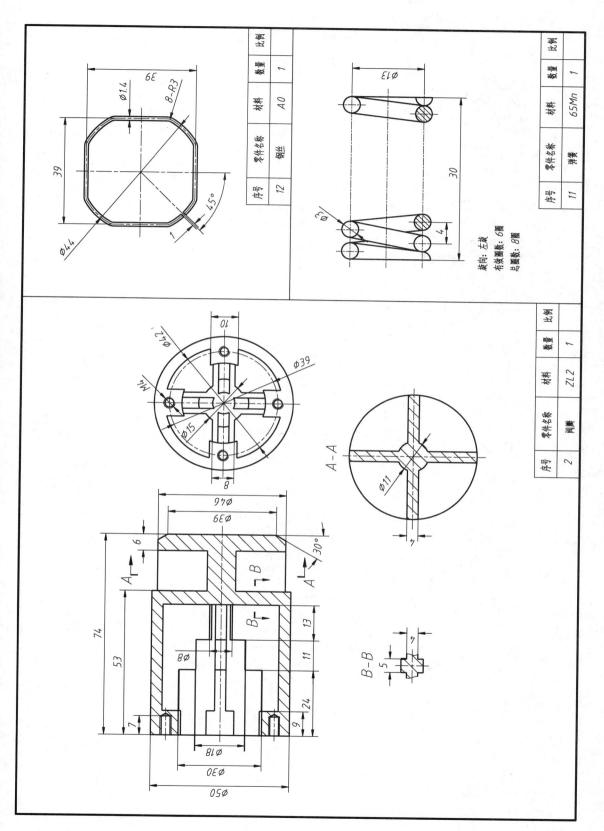

序号	零件名称	材料	数量	比例
12	钢丝	A0	1	

序号	零件名称	材料	数量	比例
11	弹簧	65Mn	1	

旋向: 左旋
有效圈数: 6圈
总圈数: 8圈

序号	零件名称	材料	数量	比例
2	阀芯	ZL2	1	

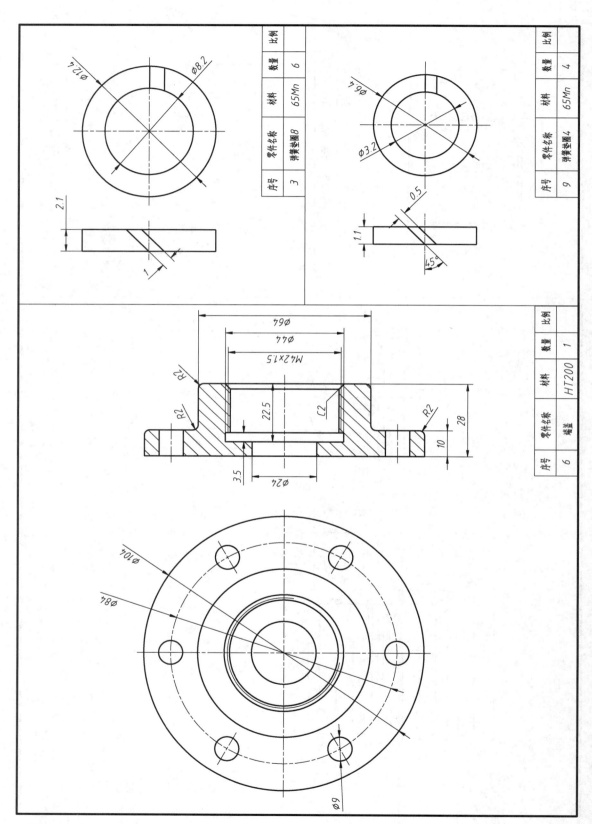

序号	零件名称	材料	数量	比例
3	弹簧垫圈8	65Mn	6	

序号	零件名称	材料	数量	比例
9	弹簧垫圈4	65Mn	4	

序号	零件名称	材料	数量	比例
6	端盖	HT200	1	

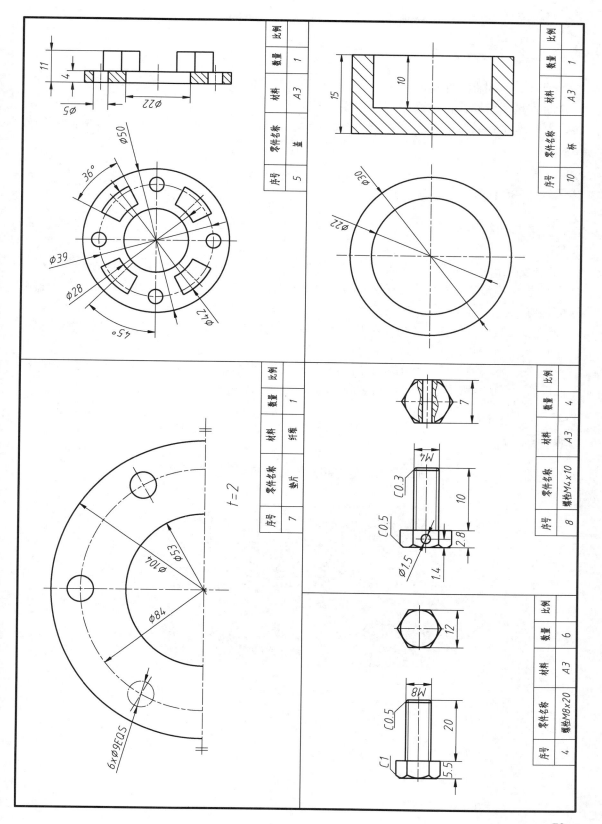

序号	零件名称	材料	数量	比例
5	盖	A3	1	

Ø50, Ø39, Ø28, Ø42, 36°, 45°

11, 4, Ø50, Ø22

序号	零件名称	材料	数量	比例
10	杯	A3	1	

15, 10, Ø30, Ø22

序号	零件名称	材料	数量	比例
7	垫片	纤维	1	

t=2

Ø53, Ø104, Ø84, 6×Ø9EQS

序号	零件名称	材料	数量	比例
8	螺栓M4×10	A3	4	

7, M4, C0.3, 10, 2.8, 1.4, Ø1.5, C0.5

序号	零件名称	材料	数量	比例
4	螺栓M8×20	A3	6	

12, M8, C0.5, 20, 5.5, C1

4.6 球阀

球阀是启闭件（球体）由阀杆带动，并绕阀杆的轴线作旋转运动的阀体装置，主要用于截断或接通管路中的介质，亦可用于流体的调节与控制。球阀设计为球体（4）90°旋转，由圆形通孔或通道通过其轴线。球阀在流体管路中的作用是切断、截止及改变流体的流动方向。

工作任务

1. 根据所给的零件图建立相应的三维模型，每个零件模型对应一个文件，文件名为该零件名称。

2. 按照给定的装配示意图将零件三维模型进行装配，命名为"球阀三维装配体"。

3. 根据拆装顺序对球阀装配体进行三维爆炸分解，并输出分解动画文件，命名为"球阀分解动画"。

4. 按照装配工程图样生成二维装配工程图（包括视图、零件序号、尺寸、明细表、标题栏等），命名为"球阀二维装配图"。

5. 生成球阀运动仿真动画，其中阀体、密封圈应逐渐透明然后消隐，能看清楚球阀的工作过程，并生成 AVI 格式文件，命名为"球阀运动仿真动画"。

扫一扫

扫二维码观看球阀分解动画和运动仿真动画

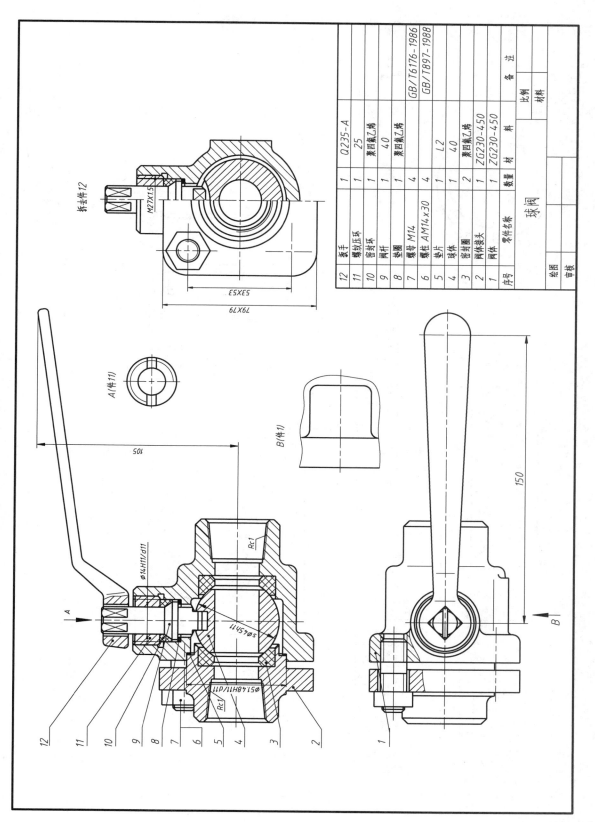

序号	零件名称	数量	材料	备注
12	扳手	1	Q235-A	
11	螺纹压环	1	25	
10	密封环	1	聚四氟乙烯	
9	阀杆	1	40	
8	垫圈	1	聚四氟乙烯	
7	螺母 M14	4		GB/T6176-1986
6	螺柱 AM14x30	4		GB/T897-1988
5	垫片	1	L2	
4	球体	1	40	
3	密封圈	2	聚四氟乙烯	
2	阀体接头	1	ZG230-450	
1	阀体	1	ZG230-450	

球阀

绘图   比例

审核   材料

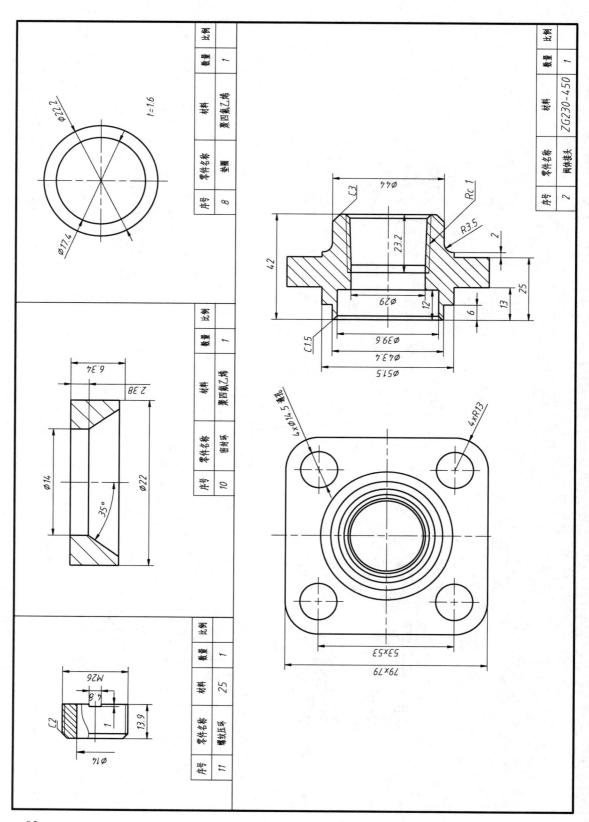

序号	零件名称	材料	数量	比例
8	垫圈	聚四氟乙烯	1	

序号	零件名称	材料	数量	比例
10	密封环	聚四氟乙烯	1	

序号	零件名称	材料	数量	比例
11	螺纹压环	25	1	

序号	零件名称	材料	数量	比例
2	阀体接头	ZG230-450	1	

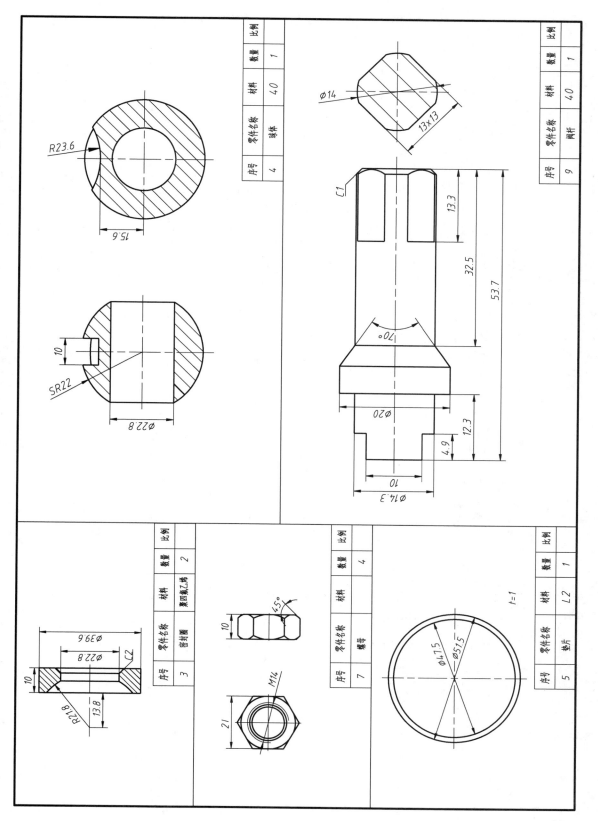

序号	零件名称	材料	数量	比例
4	球体	40	1	

序号	零件名称	材料	数量	比例
9	阀杆	40	1	

序号	零件名称	材料	数量	比例
3	密封圈	聚四氟乙烯	2	

序号	零件名称	材料	数量	比例
7	螺母		4	

序号	零件名称	材料	数量	比例
5	垫片	L2	1	

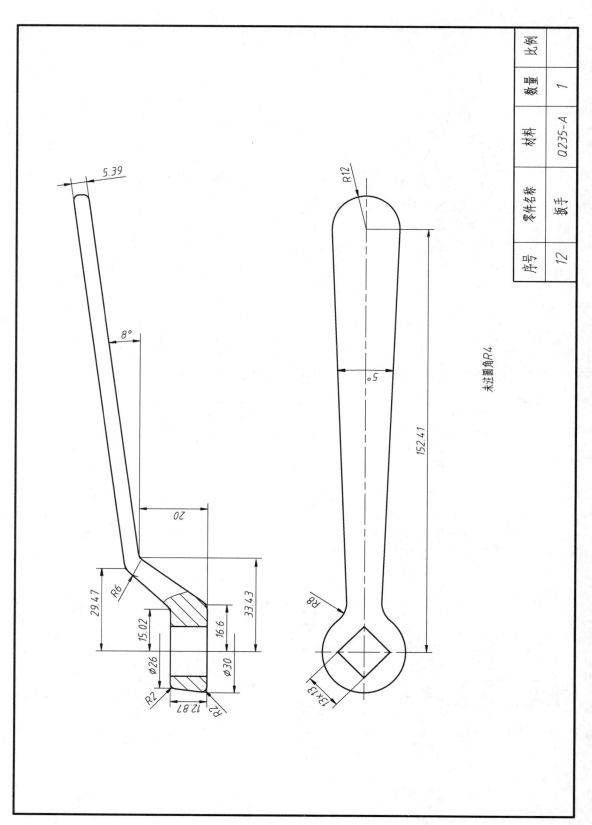

未过圆角R4

序号	零件名称	材料	数量	比例
12	扳手	Q235-A	1	

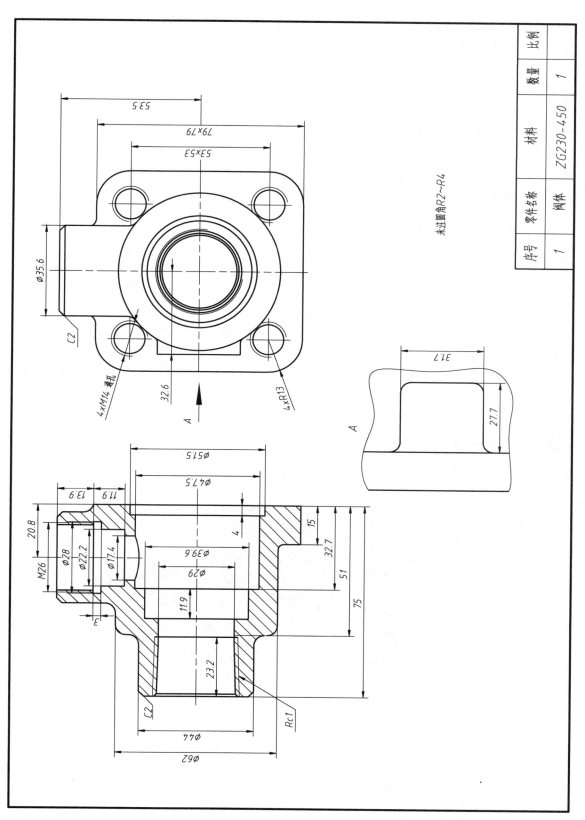

未注圆角R2~R4

序号	零件名称	材料	数量	比例
1	阀体	ZG230-450	1	

4.7　蝴蝶阀

　　蝴蝶阀是以关闭件（阀门）为圆盘，围绕阀杆（阀轴）旋转来实现开启与关闭的一种阀，在管道上主要起切断和节流作用。工作过程：齿杆（11）与齿轮（10）形成齿条齿轮啮合传动，齿杆移动时，通过齿轮连接带动阀杆（3）转动，从而带动固定在阀杆（3）零件上的阀门（2）进行开启与关闭。

 工作任务

　　1．根据所给的零件图建立相应的三维模型，每个零件模型对应一个文件，文件名为该零件名称。

　　2．按照给定的装配示意图将零件三维模型进行装配，命名为"蝴蝶阀三维装配体"。

　　3．根据拆装顺序对蝴蝶阀装配体进行三维爆炸分解，并输出分解动画文件，命名为"蝴蝶阀分解动画"。

　　4．按照装配工程图样生成二维装配工程图（包括视图、零件序号、尺寸、明细表、标题栏等），命名为"蝴蝶阀二维装配图"。

　　5．生成蝴蝶阀运动仿真动画，其中阀体应逐渐透明然后消隐，能看清楚蝴蝶阀的工作过程，并生成 AVI 格式文件，命名为"蝴蝶阀运动仿真动画"。

扫一扫

扫二维码观看蝴蝶阀分解动画和运动仿真动画

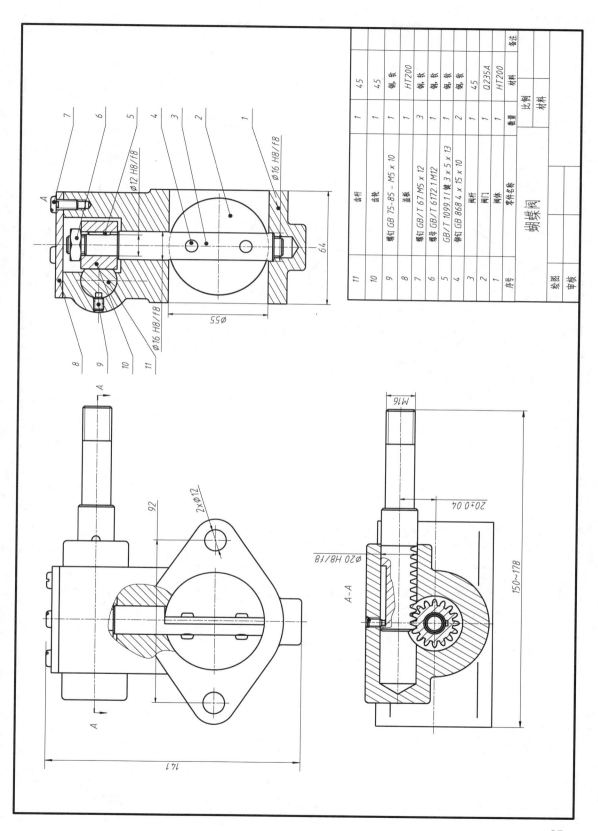

11	齿杆	1	45	
10	齿轮	1	45	
9	螺钉 GB 75-85 - M5 x 10	1	碳 钢	
8	盖板	1	HT200	
7	螺钉 GB/T 67 M5 x 12	3	碳 钢	
6	螺母 GB/T 6172.1 M12	1	碳 钢	
5	GB/T 1099.1 键 3 x 5 x 13	1	碳 钢	
4	销钉 GB 868 4 x 15 x 10	2	碳 钢	
3	阀杆	1	45	
2	阀门	1	Q235A	
1	阀体	1	HT200	
序号	零件名称	数量	材料	备注

蝴蝶阀

比例
材料

绘图
审核

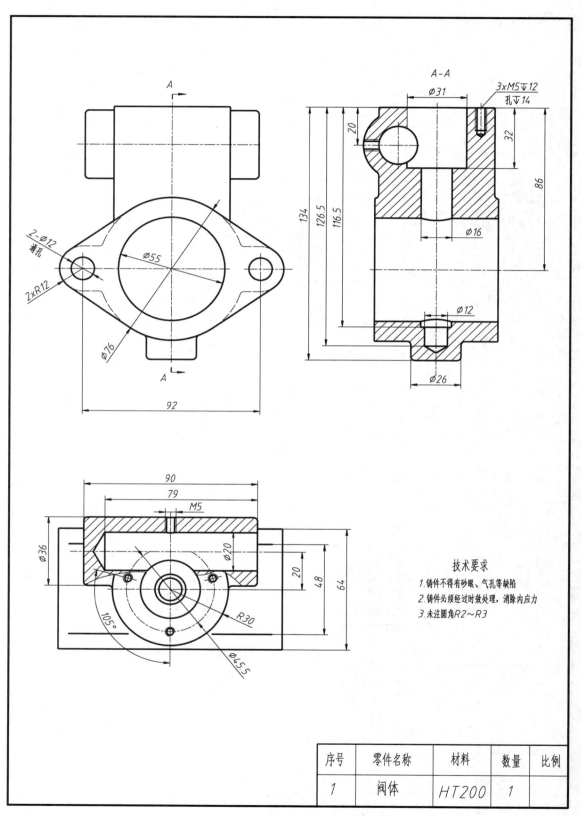

技术要求
1.铸件不得有砂眼、气孔等缺陷
2.铸件必须经过时效处理，消除内应力
3.未注圆角R2～R3

序号	零件名称	材料	数量	比例
1	阀体	HT200	1	

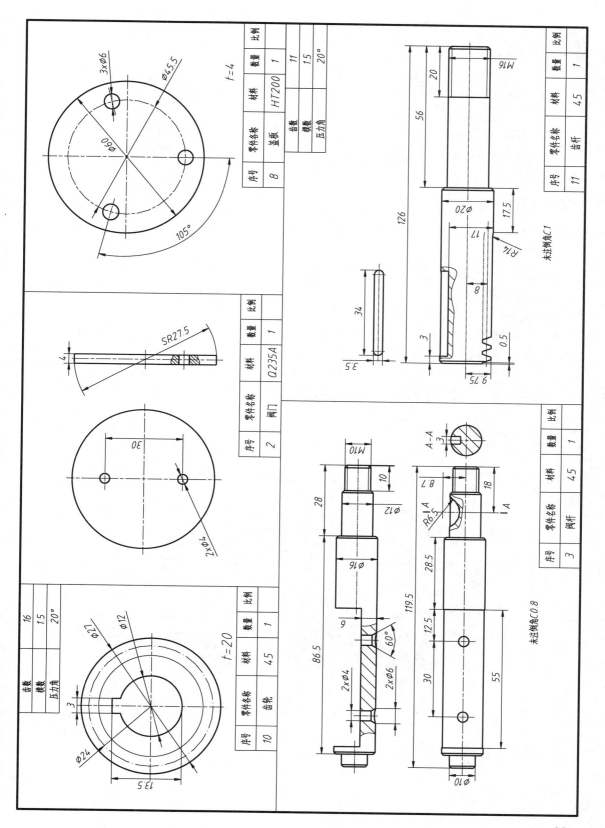

序号	零件名称	材料	数量	比例
8	盖板	HT200	1	

齿数		11	
模数		1.5	
压力角		20°	

t=4

序号	零件名称	材料	数量	比例
11	齿杆	45	1	

未注倒角C1

序号	零件名称	材料	数量	比例
2	阀门	Q235A	1	

SR27.5

序号	零件名称	材料	数量	比例
3	阀杆	45	1	

未注倒角C0.8

齿数		16	
模数		1.5	
压力角		20°	

t=20

序号	零件名称	材料	数量	比例
10	齿轮	45	1	

4.8 柱塞泵

柱塞泵通过柱塞在柱塞套里的往复运动来实现吸油和压油的目的。工作过程：当柱塞（1）向左移动时，阀体（10）内压力降低，下阀瓣（11）向上移动，上阀瓣（9）向下移动，B口打开，C口闭合，液体从B口进入阀体内；柱塞向右推时，阀体内压力升高，下阀瓣（11）向下移动堵住B口，上阀瓣（9）向上移动，打开C口，阀体内液体加速从C出口排出。

 工作任务

1. 根据所给的零件图建立相应的三维模型，每个零件模型对应一个文件，文件名为该零件名称。

2. 按照给定的装配示意图将零件三维模型进行装配，命名为"柱塞泵三维装配体"。

3. 根据拆装顺序对柱塞泵装配体进行三维爆炸分解，并输出分解动画文件，命名为"柱塞泵分解动画"。

4. 按照装配工程图样生成二维装配工程图（包括视图、零件序号、尺寸、明细表、标题栏等），命名为"柱塞泵二维装配图"。

5. 生成柱塞泵运动仿真动画，其中泵体、衬套、阀体应逐渐透明然后消隐，能看清楚柱塞泵的工作过程，并生成AVI格式文件，命名为"柱塞泵运动仿真动画"。

 **扫一扫**

扫二维码观看柱塞泵分解动画和运动仿真动画

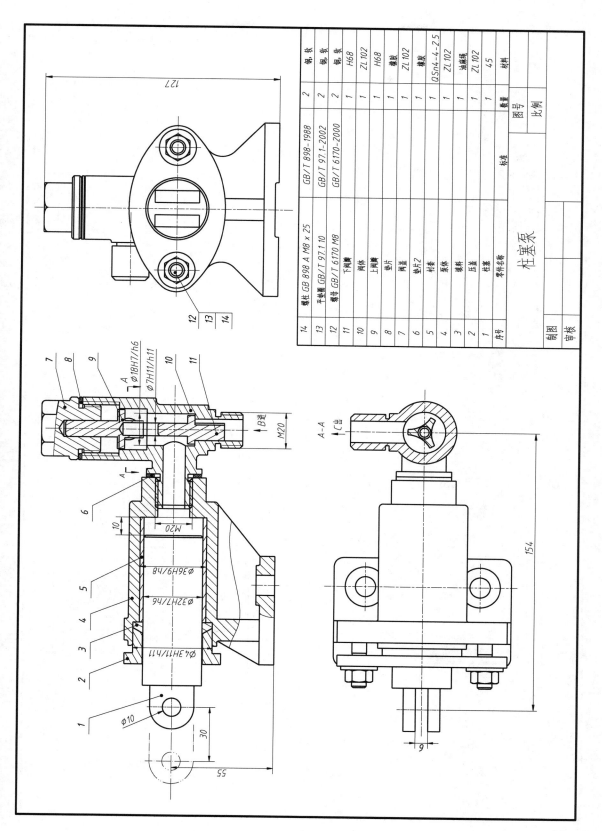

14	螺栓 GB 898 A M8×25		2	钢、钛
13	平垫圈 GB/T 97.1-2002		2	钢、钛
12	螺母 GB/T 6170 M8	GB/T 898-1988	2	钢、钛
11	下阀罩	GB/T 97.1-2002	1	H68
10	阀体	GB/T 6170-2000	1	ZL102
9	上阀罩		1	H68
8	垫片		1	橡胶
7	阀盖		1	ZL102
6	垫片2		1	橡胶
5	柱套		1	QSn4-4-2.5
4	泵体		1	ZL102
3	填料		1	油麻绳
2	压盖		1	ZL102
1	柱塞		1	45
序号	零件名称	标准	数量	材料

柱塞泵

图号

比例

制图

审核

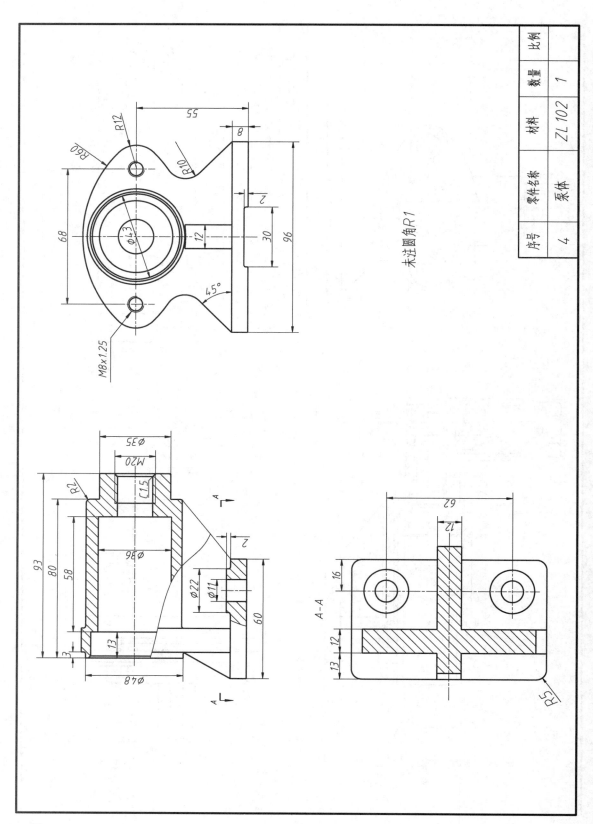

未注圆角R1

序号	零件名称		数量	比例
4	泵体	材料	1	
		ZL102		

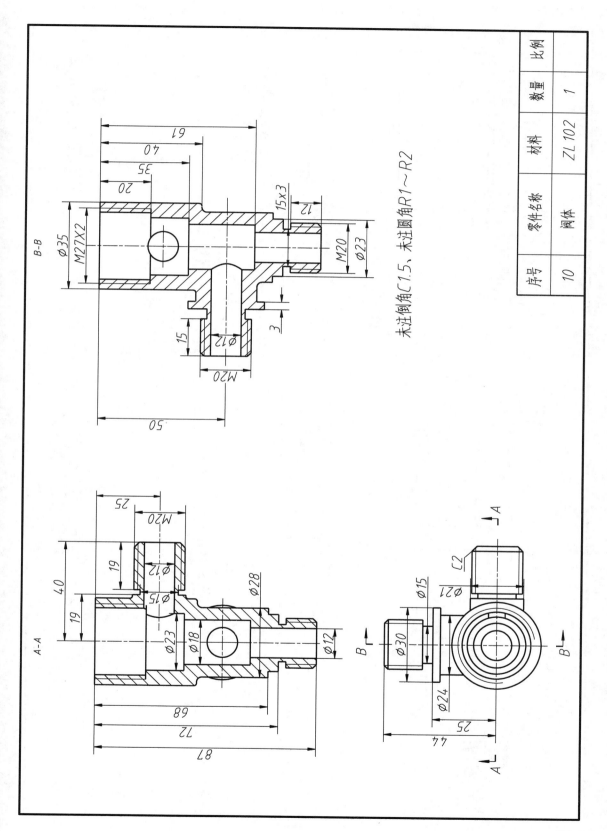

未注倒角C1.5，未注圆角R1～R2

序号	零件名称	材料	数量	比例
10	阀体	ZL102	1	

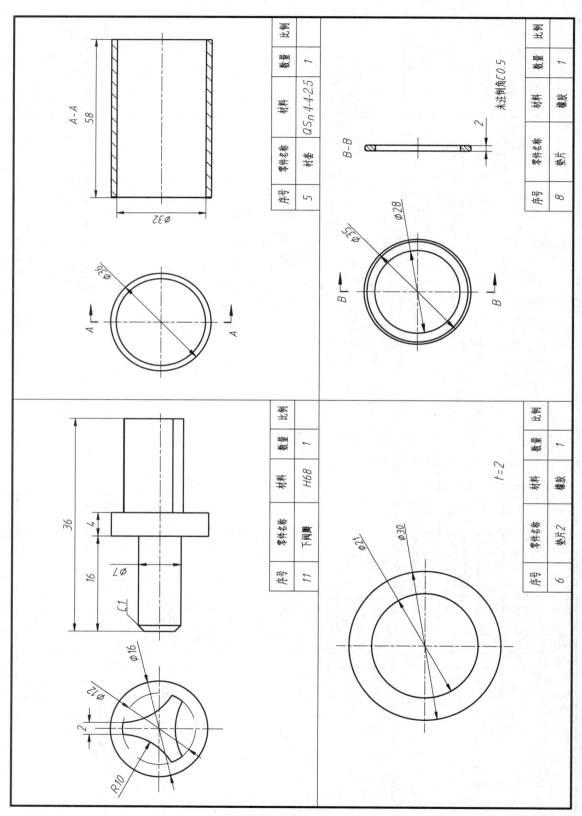

序号	零件名称	材料	数量	比例
5	衬套	QSn 4-4-2.5	1	

序号	零件名称	材料	数量	比例
8	垫片	橡胶	1	

未注倒角C0.5

序号	零件名称	材料	数量	比例
11	下阀瓣	H68	1	

序号	零件名称	材料	数量	比例
6	垫片2	橡胶	1	

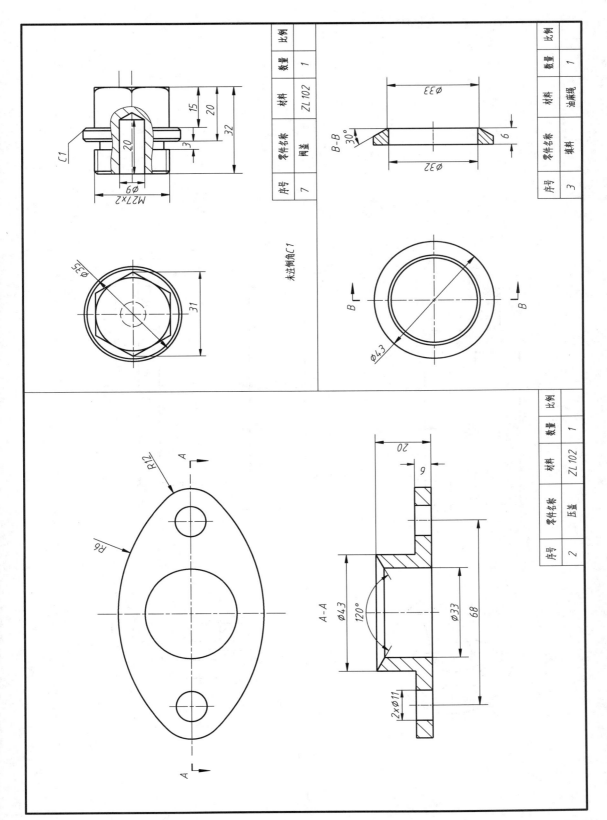

未注倒角C1

序号	零件名称	材料	数量	比例
7	阀盖	ZL102	1	

序号	零件名称	材料	数量	比例
3	填料	油麻绳	1	

序号	零件名称	材料	数量	比例
2	压盖	ZL102	1	

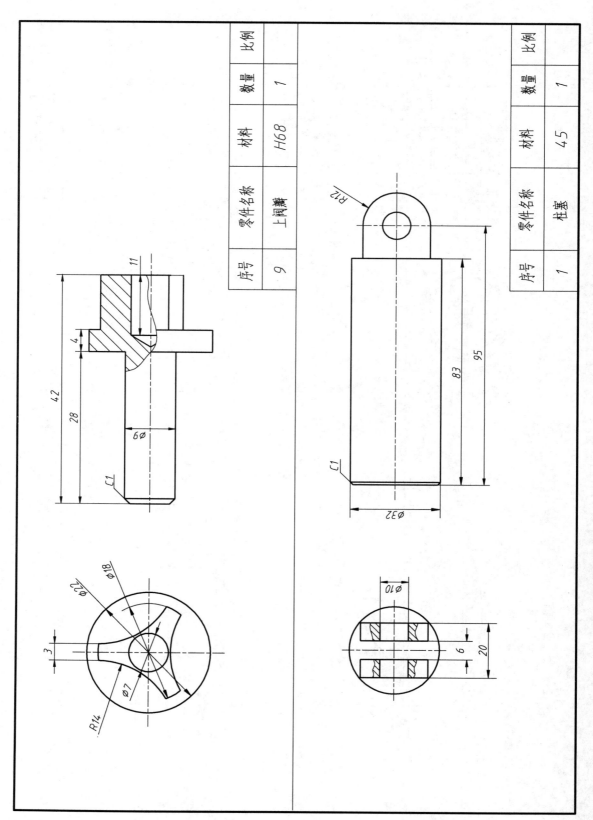

序号	零件名称	材料	数量	比例
6	上阀瓣	H68	1	

序号	零件名称	材料	数量	比例
1	柱塞	45	1	

4.9 柱塞式油泵

柱塞式油泵是液压系统的一个重要装置。它依靠柱塞在阀体中往复运动，使密封工作容腔的容积发生变化来实现吸油、压油。工作过程：左阀体（4）和右阀体（11）里各有一个单向阀，且方向相反。当滑柱（6）向上移动时，阀体（1）内压力降低，当阀体内压力低于外部压力时，左阀体的出口关闭，右阀体进口打开，液体从右阀体进入。当滑柱向下移动，阀体内的压力升高并大于外部压力时，进口阀关闭，出口阀打开，液体加速排出。

工作任务

1．根据所给的零件图建立相应的三维模型，每个零件模型对应一个文件，文件名为该零件名称。

2．按照给定的装配示意图将零件三维模型进行装配，命名为"柱塞式油泵三维装配体"。

3．根据拆装顺序对柱塞式油泵装配体进行三维爆炸分解，并输出分解动画文件，命名为"柱塞式油泵分解动画"。

4．按照装配工程图样生成二维装配工程图（包括视图、零件序号、尺寸、明细表、标题栏等），命名为"柱塞式油泵二维装配图"。

5．生成柱塞式油泵运动仿真动画，其中阀体、导向轴套、左阀体、右阀体应逐渐透明然后消隐，能看清楚柱塞式油泵的工作过程，并生成 AVI 格式文件，命名为"柱塞式油泵运动仿真动画"。

扫一扫

扫二维码观看柱塞式油泵分解动画和运动仿真动画

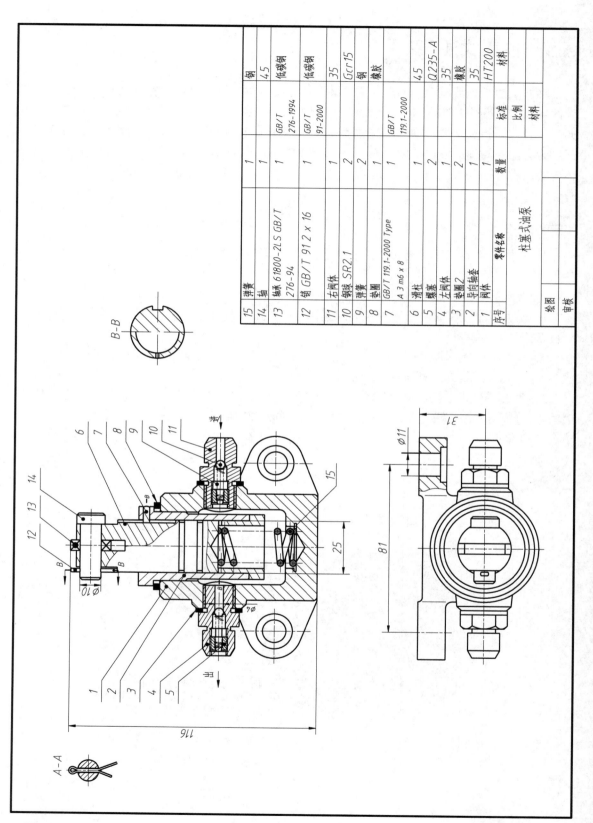

15	弹簧			1		钢
14	轴			1		45
13	轴承 61800-2LS GB/T 276-94			1	GB/T 276-1994	低碳钢
12	销 GB/T 91 2 x 16			1	GB/T 91-2000	低碳钢
11	右阀体			1		35
10	钢球 SR2.1			2		Gcr 15
9	弹簧			2		钢
8	垫圈			1		橡胶
7	GB/T 119.1-2000 Type A 3 m6 x 8			1	GB/T 119.1-2000	
6	滑柱			1		45
5	螺塞			2		Q235-A
4	左阀体			1		35
3	垫圈2			2		橡胶
2	导向轴套			1		35
1	阀体			1		HT200
序号	零件名称			数量	标准	材料
	柱塞式油泵				比例	
					材料	
绘图						
审校						

B-B

A-A

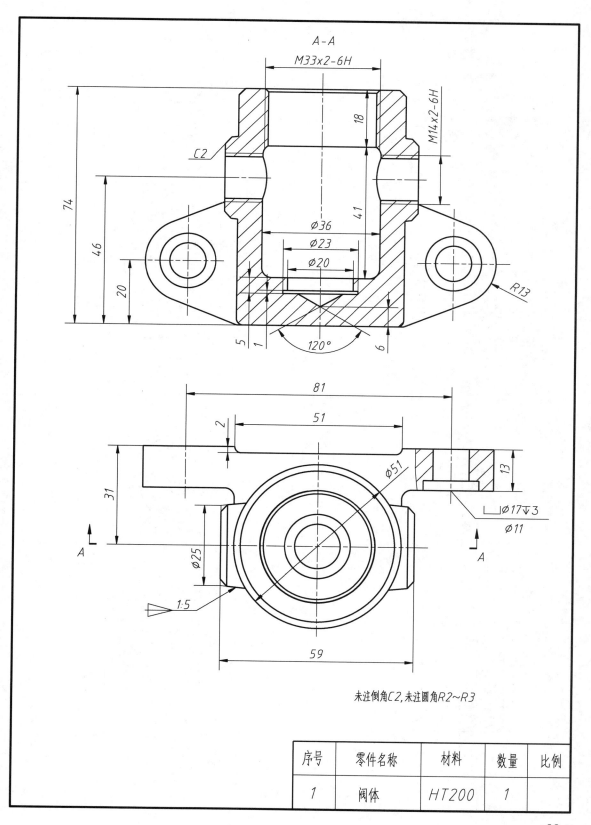

未注倒角C2, 未注圆角R2~R3

序号	零件名称	材料	数量	比例
1	阀体	HT200	1	

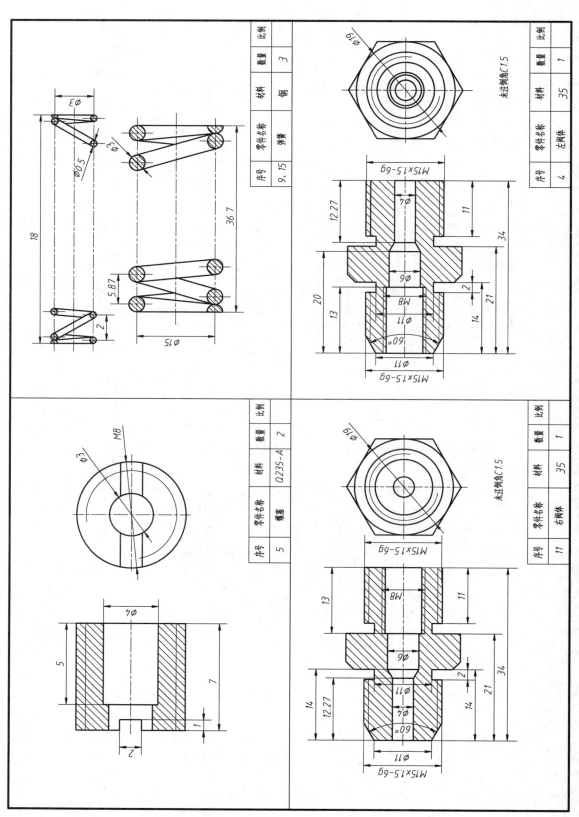

序号	零件名称	材料	数量	比例
9、15	弹簧	钢	3	

序号	零件名称	材料	数量	比例
4	左阀体	35	1	

未过倒角C1.5

序号	零件名称	材料	数量	比例
5	螺塞	Q235-A	2	

序号	零件名称	材料	数量	比例
11	右阀体	35	1	

未过倒角C1.5

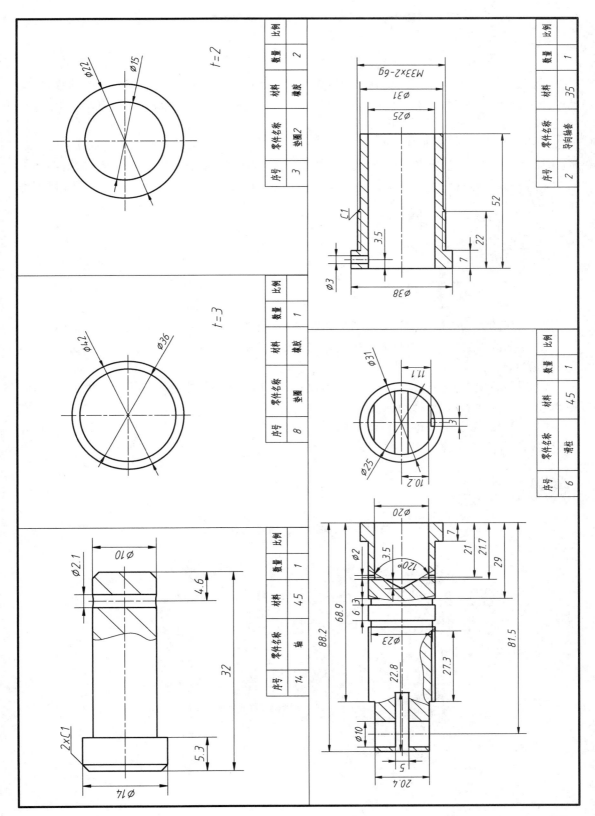

序号	零件名称	材料	数量	比例
3	垫圈2	橡胶	2	

t=2

序号	零件名称	材料	数量	比例
2	导向轴套	35	1	

序号	零件名称	材料	数量	比例
8	垫圈	橡胶	1	

t=3

序号	零件名称	材料	数量	比例
6	滑柱	45	1	

序号	零件名称	材料	数量	比例
14	轴	45	1	

4.10 手压泵

手压泵是用手动的方式改变容器内流体的压力或输送流体的装置。工作过程（泵体内尚未进入液体时）：手柄（13）绕着小轴（11）顺时针旋转，通过连接块（10）推动活塞（9）向右移动，泵体（8）内 C 区压力减小，左阀门钢球打开，右阀门关闭，此时，液体从泵盖（7）左端面螺纹孔进入泵体（8）内孔左端 C 区；手柄逆时针旋转时，左阀门钢球关闭，右阀门钢球打开，液体从右阀门进入活塞体内孔 E 区并流向泵体孔内 D 区；手柄再次顺时针旋转时，除液体会进入 C 区外，D 区内液体会从泵体出口孔加速流出，从而达到加快液体流速的作用。

 工作任务

1. 根据所给的零件图建立相应的三维模型，每个零件模型对应一个文件，文件名为该零件名称。

2. 按照给定的装配示意图将零件三维模型进行装配，命名为"手压泵三维装配体"。

3. 根据拆装顺序对手压泵装配体进行三维爆炸分解，并输出分解动画文件，命名为"手压泵分解动画"。

4. 按照装配工程图样生成二维装配工程图（包括视图、零件序号、尺寸、明细表、标题栏等），命名为"手压泵二维装配图"。

5. 生成手压泵运动仿真动画，其中泵体、填料、活塞应逐渐透明然后消隐（活塞半消隐），能看清楚手压泵的工作过程，并生成 AVI 格式文件，命名为"手压泵运动仿真动画"。

 扫一扫

扫二维码观看手压泵分解动画和运动仿真动画

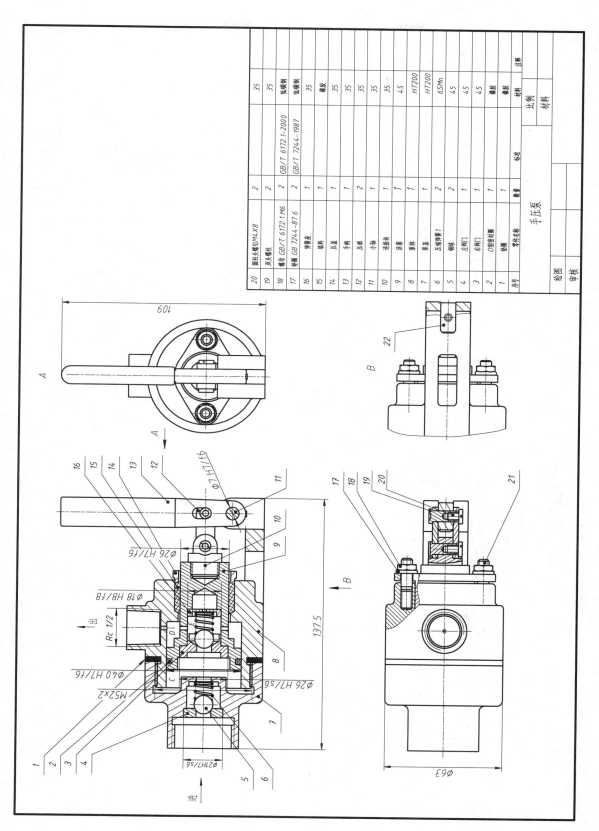

20	圆柱头螺钉M4X8			2		35	
19	双头螺栓			2		35	
18	螺母 GB/T 6172.1 M6	GB/T 6172.1-2000		2		低碳钢	
17	垫圈 GB 7244-87 6	GB/T 7244-1987		2		低碳钢	
16	弹簧座			1		35	
15	填料			1		橡胶	
14	压盖			1		35	
13	手柄			1		35	
12	压杆			2		35	
11	小轴			1		35	
10	连接块			1		35	
9	活塞			1		45	
8	泵体			1		HT200	
7	泵盖			1		HT200	
6	压缩弹簧1			2		65Mn	
5	钢球			2		45	
4	左阀门			1		45	
3	右阀门			1		45	
2	O形密封圈			1		橡胶	
1	底座			1		橡胶	
序号	零件名称	标准		数量		材料	注释

手压泵

绘图			比例	材料
审核				

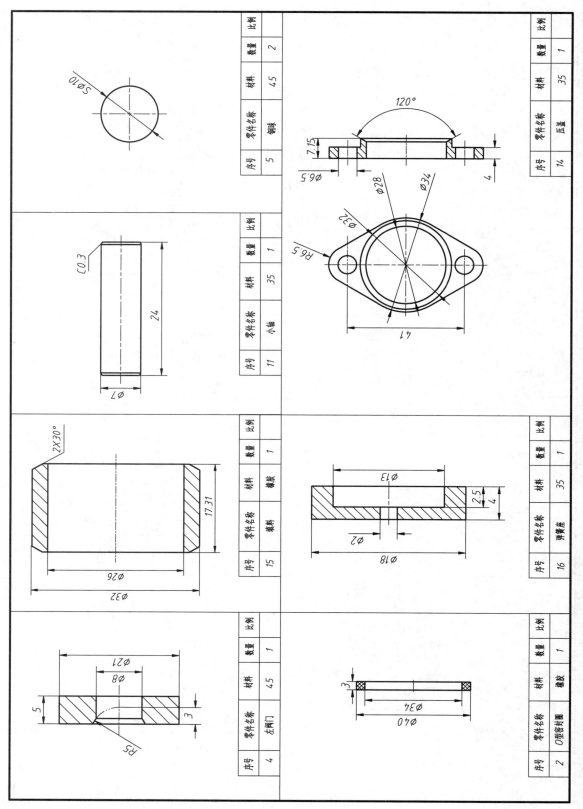

序号	零件名称	材料	数量	比例
5	钢珠	45	2	

序号	零件名称	材料	数量	比例
14	压盖	35	1	

序号	零件名称	材料	数量	比例
11	小轴	35	1	

序号	零件名称	材料	数量	比例
15	填料	橡胶	1	

序号	零件名称	材料	数量	比例
16	弹簧座	35	1	

序号	零件名称	材料	数量	比例
4	左阀门	45	1	

序号	零件名称	材料	数量	比例
2	O型密封圈	橡胶	1	

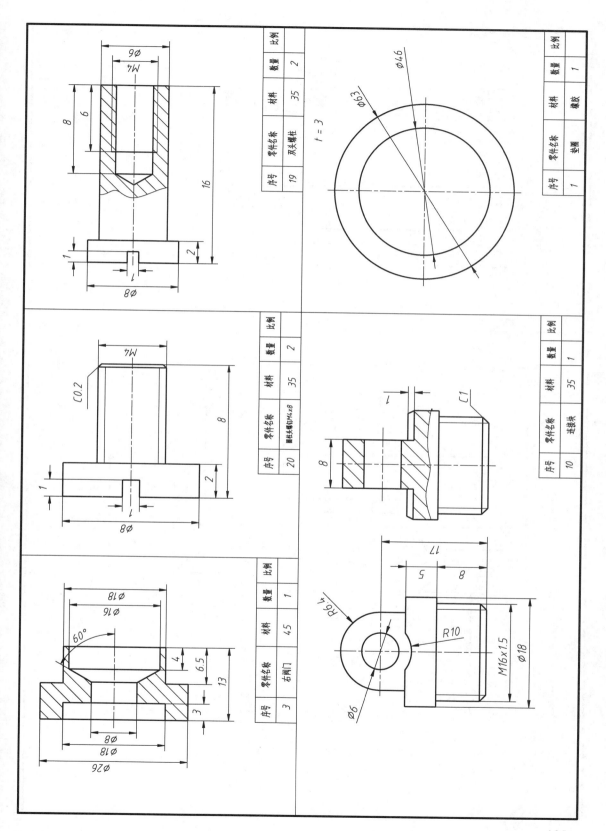

序号	零件名称	材料	数量	比例
19	双头螺柱	35	2	

序号	零件名称	材料	数量	比例
1	垫圈	橡胶	1	

序号	零件名称	材料	数量	比例
20	圆柱头铆M4×8	35	2	

序号	零件名称	材料	数量	比例
10	连接块	35	1	

序号	零件名称	材料	数量	比例
3	右阀门	45	1	

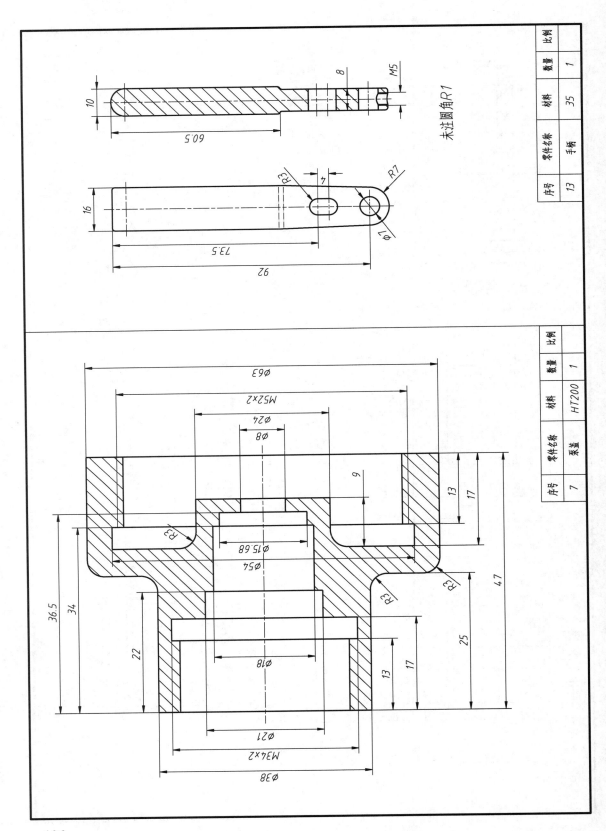

未注圆角R1

序号	零件名称	材料	数量	比例
13	手柄	35	1	

序号	零件名称	材料	数量	比例
7	泵盖	HT200	1	

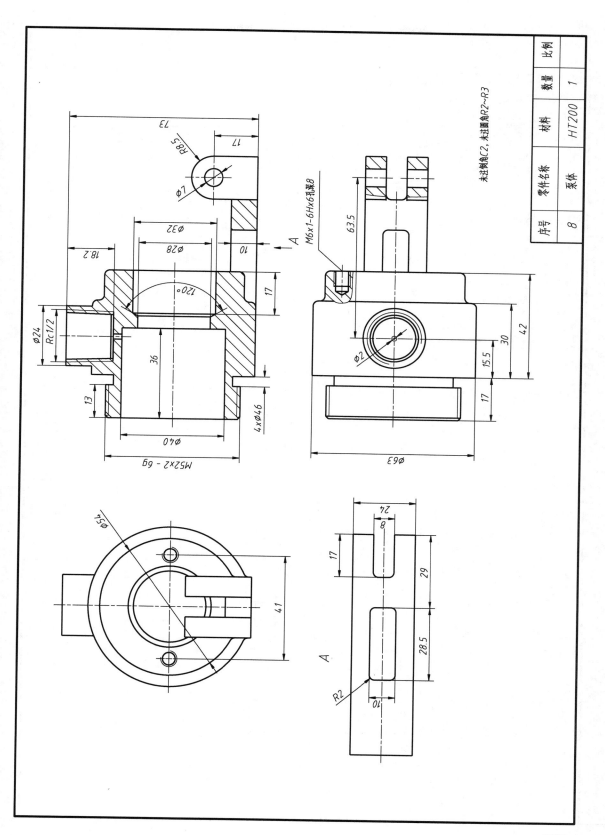

未注倒角C2，未注圆角R2~R3

序号	零件名称	材料	数量	比例
8	泵体	HT200	1	

· 107 ·

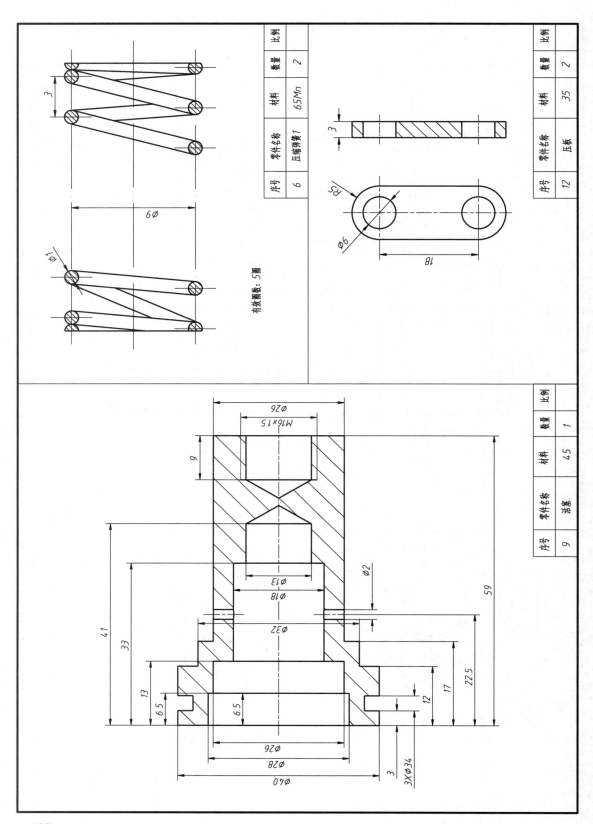

序号	零件名称	材料	数量	比例
6	压缩弹簧1	65Mn	2	

有效圈数：5圈

序号	零件名称	材料	数量	比例
12	压板	35	2	

序号	零件名称	材料	数量	比例
9	活塞	45	1	

4.11 快速阀

快速阀通过齿轮齿条啮合传动启闭管道达到调节液体通过管道速度快慢的目的。工作过程：液体从阀体（1）的 B 口进入向 C 口流出，左右转动扳手（7）使齿轮轴（5）传动齿条（11）上下移动，通过改变外阀瓣（2）与内阀瓣（9），调整液体的流速。

 工作任务

1．根据所给的零件图建立相应的三维模型，每个零件模型对应一个文件，文件名为该零件名称。

2．按照给定的装配示意图将零件三维模型进行装配，命名为"快速阀三维装配体"。

3．根据拆装顺序对快速阀装配体进行三维爆炸分解，并输出分解动画文件，命名为"快速阀分解动画"。

4．按照装配工程图样生成二维装配工程图（包括视图、零件序号、尺寸、明细表、标题栏等），命名为"快速阀二维装配图"。

5．生成快速阀运动仿真动画，其中阀体和阀盖应逐渐透明然后消隐，能看清楚快速阀的工作过程，并生成 AVI 格式文件，命名为"快速阀运动仿真动画"。

6．由阀盖模型（6 号件）生成如阀盖零件图所示的二维图，标注尺寸，命名为"阀盖零件图"。

扫一扫

扫二维码观看快速阀分解动画和运动仿真动画

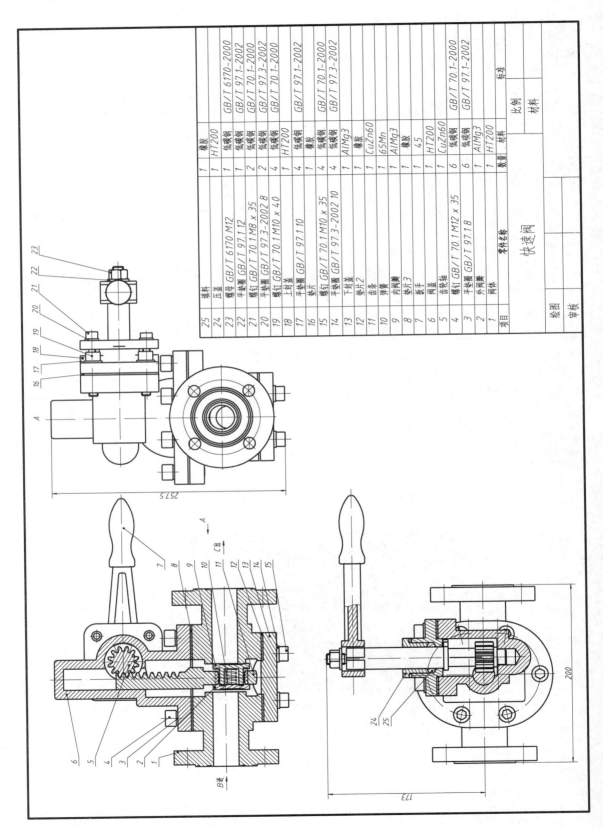

序号	零件名称	标准	数量	材料	标准
25	填料		1	橡胶	
24	压盖		1	HT200	
23	螺母 GB/T 6170 M12		1	低碳钢	GB/T 6170-2000
22	平垫圈 GB/T 97.1 12		1	低碳钢	GB/T 97.1-2002
21	螺钉 GB/T 70.1 M8 × 35		2	低碳钢	GB/T 70.1-2000
20	平垫圈 GB/T 97.3-2002 8		2	低碳钢	GB/T 97.3-2002
19	螺钉 GB/T 70.1 M10 × 40		4	低碳钢	GB/T 70.1-2000
18	上封盖		1	HT200	
17	平垫圈 GB/T 97.1 10		4	低碳钢	GB/T 97.1-2002
16	衬垫		4	橡胶	
15	螺钉 GB/T 70.1 M10 × 35		4	低碳钢	GB/T 70.1-2000
14	平垫圈 GB/T 97.3-2002 10		4	低碳钢	GB/T 97.3-2002
13	下封盖		1	AlMg3	
12	垫片2		1	橡胶	
11	齿条		1	CuZn60	
10	弹簧		1	65Mn	
9	内阀瓣		1	AlMg3	
8	垫片3		1	橡胶	
7	扳手		1	45	
6	阀盖		1	HT200	
5	齿轮轴		1	CuZn60	
4	螺钉 GB/T 70.1 M12 × 35		6	低碳钢	GB/T 70.1-2000
3	平垫圈 GB/T 97.1 8		6	低碳钢	GB/T 97.1-2002
2	外阀瓣		1	AlMg3	
1	阀体		1	HT200	
项目	零件名称		数量	材料	标准

快速阀

绘图 | 比例
审核 | 材料

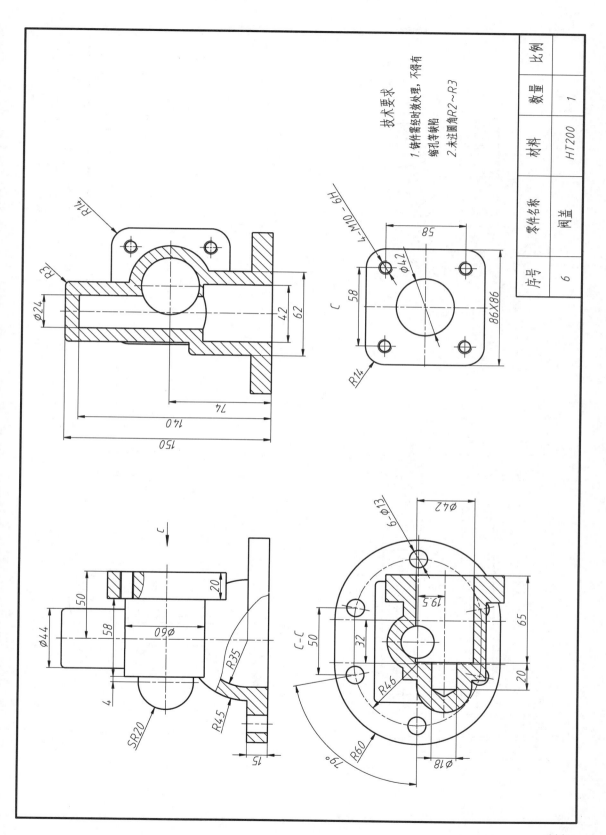

技术要求

1. 铸件需经时效处理，不得有
   缩孔等缺陷
2. 未注圆角R2~R3

序号	零件名称	材料	数量	比例
6	阀盖	HT200	1	

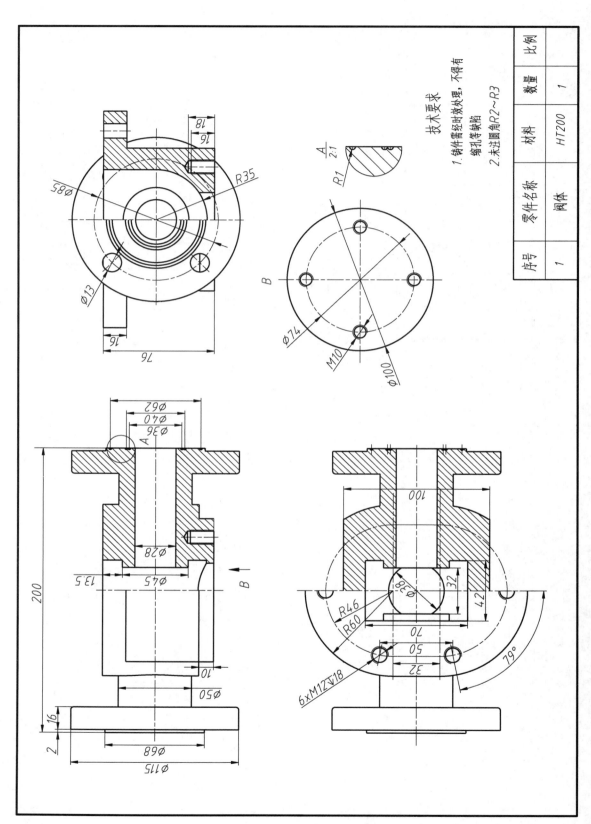

技术要求

1. 铸件需经时效处理,不得有
   缩孔等缺陷
2. 未注圆角R2~R3

序号	零件名称	材料	数量	比例
1	阀体	HT200	1	

· 112 ·

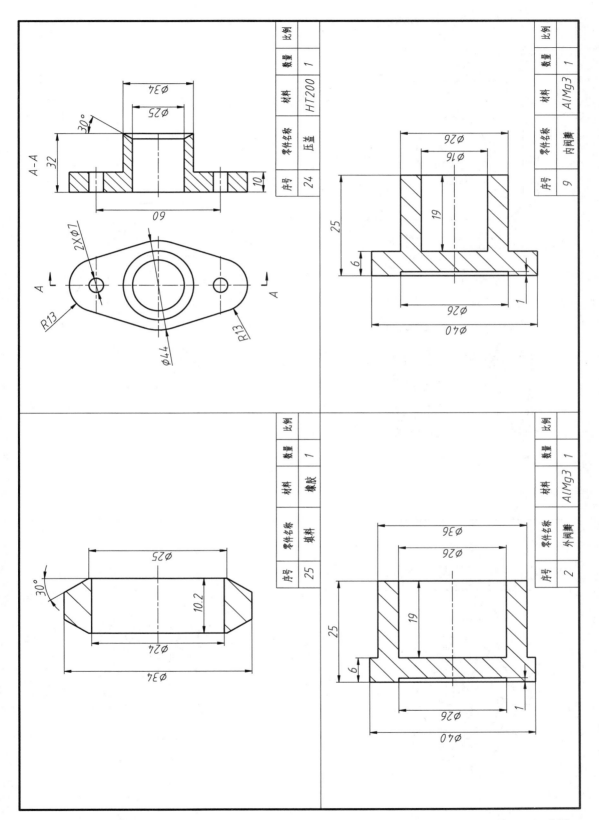

序号	零件名称	材料	数量	比例
24	压盖	HT200	1	

序号	零件名称	材料	数量	比例
25	填料	橡胶	1	

序号	零件名称	材料	数量	比例
9	内阀套	AlMg3	1	

序号	零件名称	材料	数量	比例
2	外阀套	AlMg3	1	

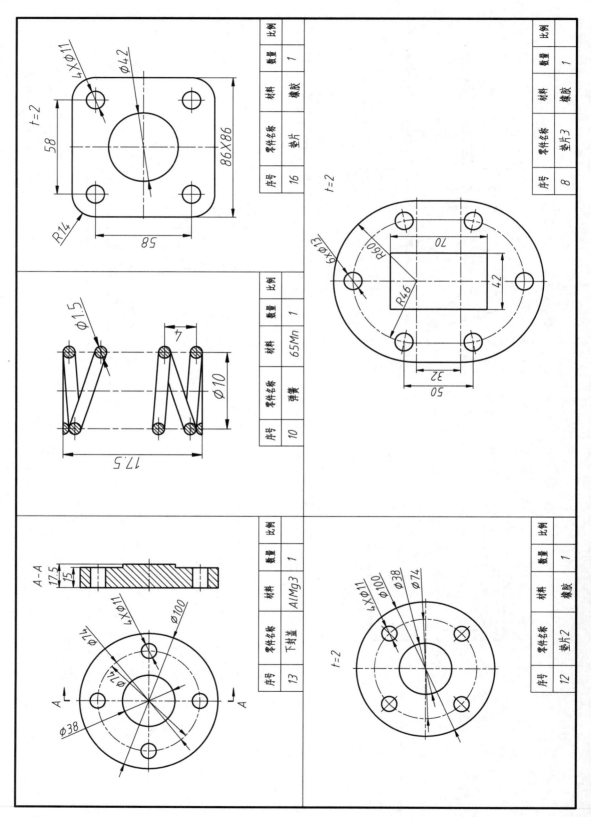

序号	零件名称	材料	数量	比例
16	垫片	橡胶	1	

序号	零件名称	材料	数量	比例
8	垫片3	橡胶	1	

序号	零件名称	材料	数量	比例
10	弹簧	65Mn	1	

序号	零件名称	材料	数量	比例
13	下封盖	AlMg3	1	

序号	零件名称	材料	数量	比例
12	垫片2	橡胶	1	

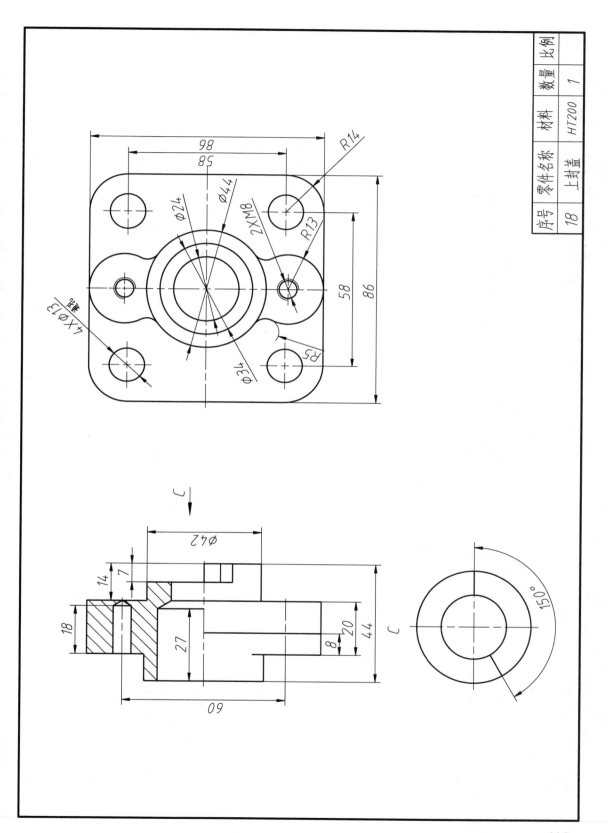

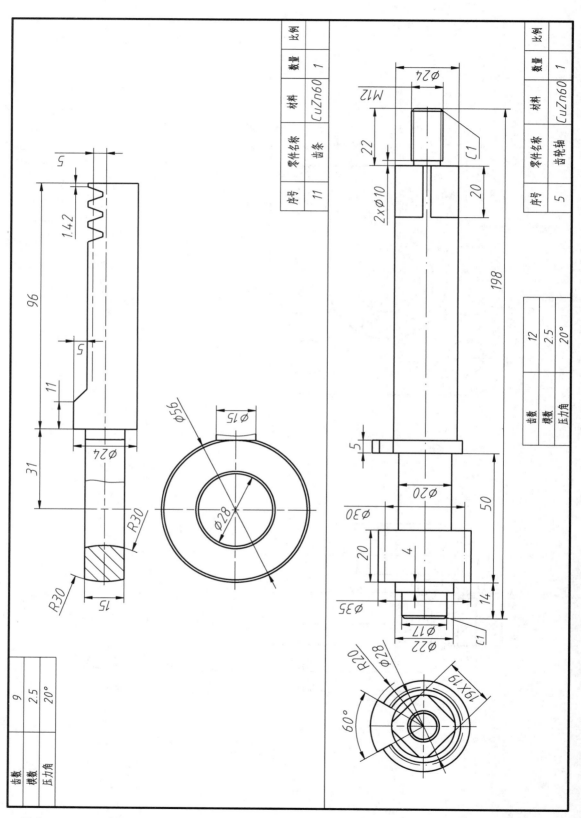

序号	零件名称	材料	数量	比例
11	齿条	CuZn60	1	

齿数	9
模数	2.5
压力角	20°

序号	零件名称	材料	数量	比例
5	齿轮轴	CuZn60	1	

齿数	12
模数	2.5
压力角	20°

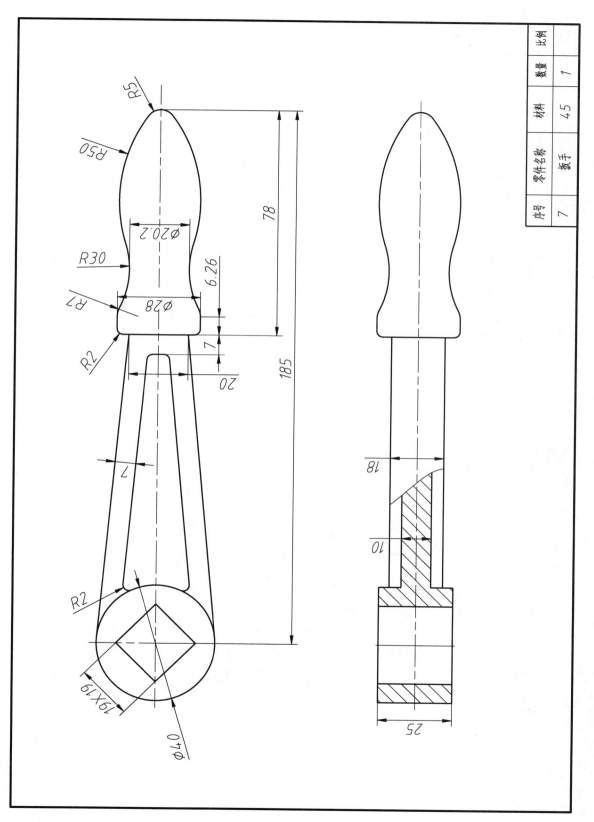

序号	零件名称	材料	数量	比例
7	扳手	45	1	

4.12 安全阀

安全阀在系统中起安全保护作用，当系统压力超过规定值时，安全阀打开，将系统的一部分压力排出，使系统压力不超过允许值，从而保证系统不因压力过高而发生事故。工作过程：液体从阀壳（15）的 F 口进入，当液体压力超过弹簧（6）的压紧力时，阀门 1（12）就会被顶开，从而使液体流向阀壳 K 区，并从 G 出口流出，当液体压力小于弹簧压紧力时，安全阀关闭。

 工作任务

1. 根据所给的零件图建立相应的三维模型，每个零件模型对应一个文件，文件名为该零件名称。

2. 按照给定的装配示意图将零件三维模型进行装配，命名为"安全阀三维装配体"。

3. 根据拆装顺序对安全阀装配体进行三维爆炸分解，并输出分解动画文件，命名为"安全阀分解动画"。

4. 按照装配工程图样生成二维装配工程图（包括视图、零件序号、尺寸、明细表、标题栏等），命名为"安全阀二维装配图"。

5. 生成安全阀运动仿真动画，其中阀壳、上盖、阀门2、上调整轮应逐渐透明然后消隐，能看清楚安全阀的工作过程，并生成 AVI 格式文件，命名为"安全阀运动仿真动画"。

 扫一扫

扫二维码观看安全阀分解动画和运动仿真动画

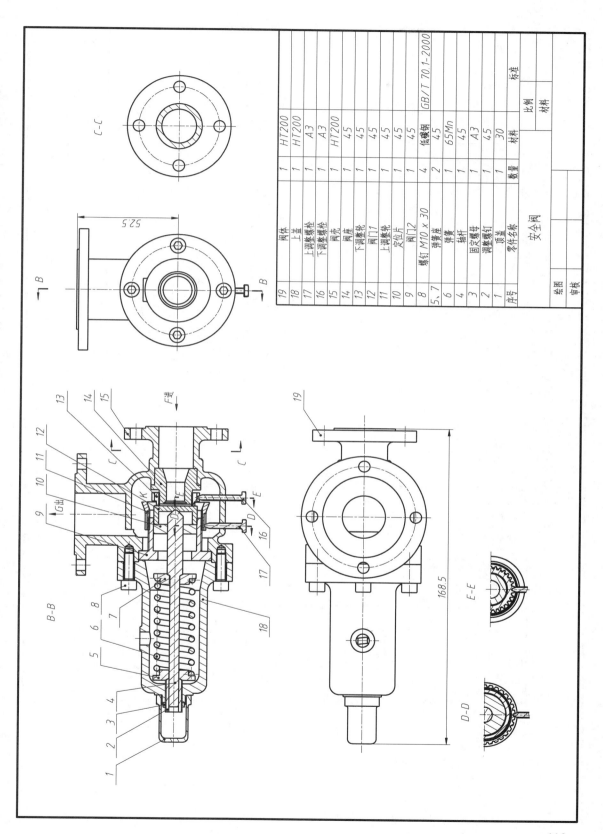

序号	零件名称	数量	材料	
19	阀体	1	HT200	
18	上盖	1	HT200	
17	上调整螺栓	1	A3	
16	下调整螺栓	1	A3	
15	阀壳	1	HT200	
14	阀座	1	45	
13	下调整轮	1	45	
12	阀门	1	45	
11	上调整轮	1	45	
10	定位片	1	低碳钢	
9	阀门2	4	45	
8	螺钉 M10 × 30	2		GB/T 70.1-2000
5, 7	弹簧座	1	45	
6	弹簧	1	65Mn	
4	轴杆	1	45	
3	固定螺母	1	A3	
2	调整螺钉	1	45	
1	顶盖	1	30	

安全阀

比例　材料　标准

绘图　审核

52.5

168.5

B-B

C-C

E-E

D-D

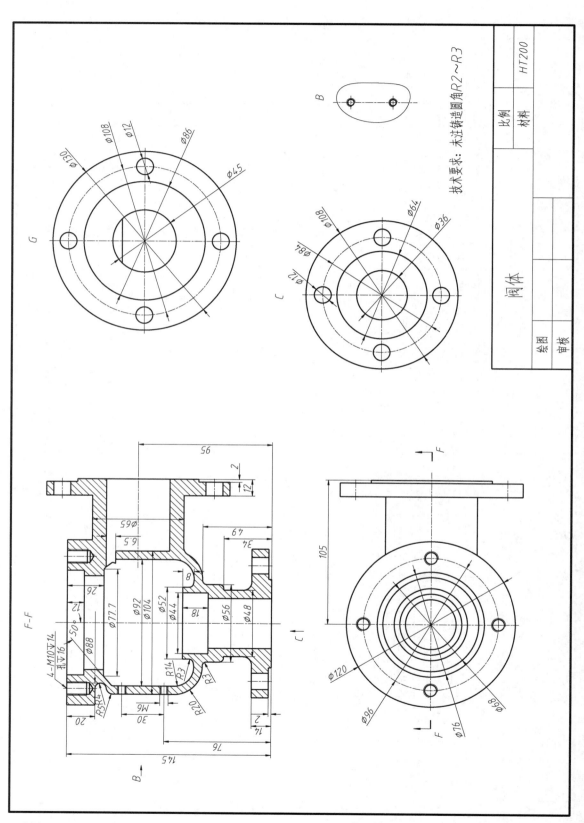

技术要求: 未注铸造圆角R2~R3

阀体

HT200

绘图　审核

比例　材料

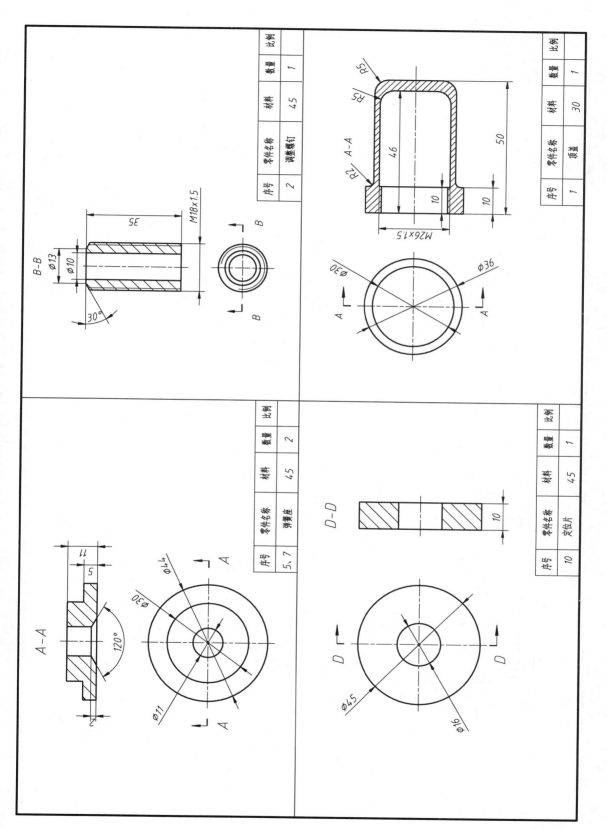

序号	零件名称	材料	数量	比例
2	调整螺钉	45	1	

序号	零件名称	材料	数量	比例
1	顶盖	30	1	

序号	零件名称	材料	数量	比例
5、7	弹簧座	45	2	

序号	零件名称	材料	数量	比例
10	定位片	45	1	

· 121 ·

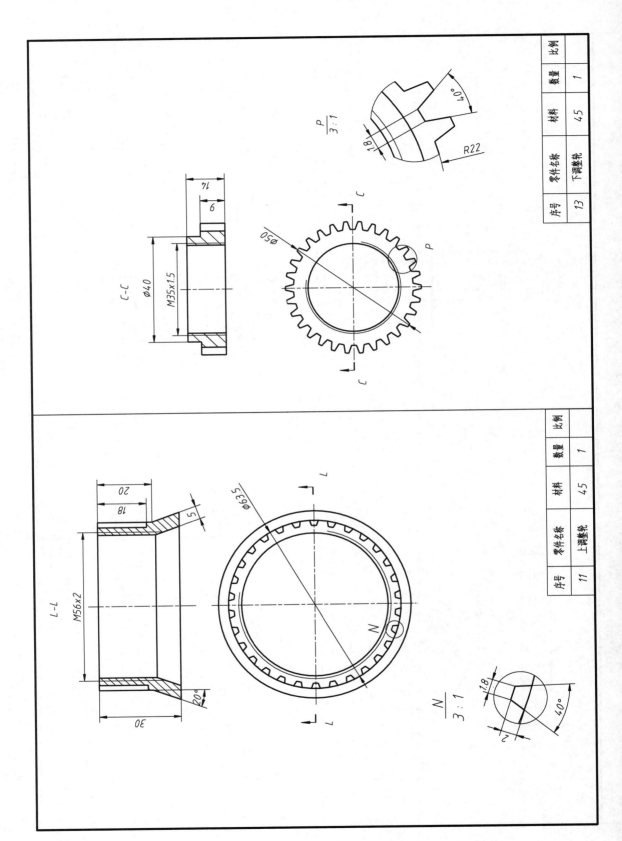

序号	零件名称	材料	数量	比例
13	下调整轮	45	1	

序号	零件名称	材料	数量	比例
11	上调整轮	45	1	

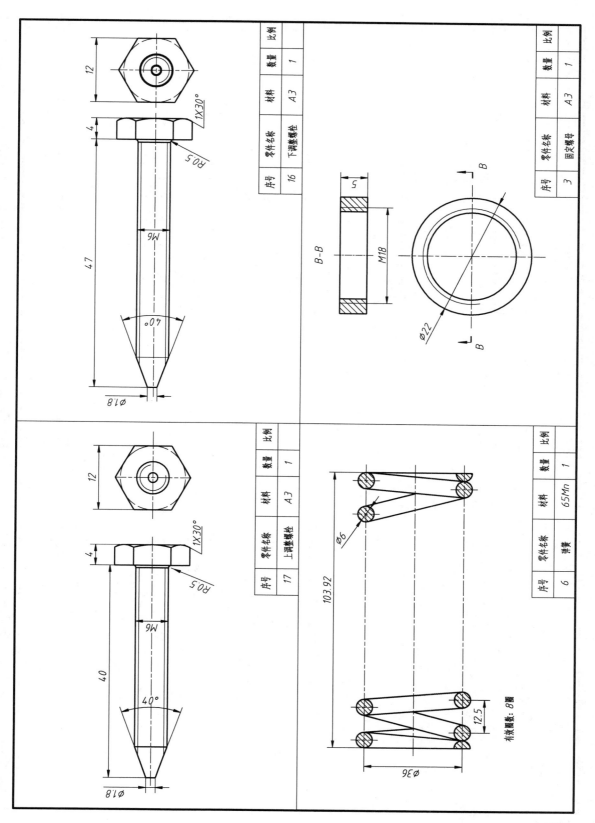

序号	零件名称	材料	数量	比例
16	下调整螺栓	A3	1	

序号	零件名称	材料	数量	比例
3	固定螺母	A3	1	

序号	零件名称	材料	数量	比例
17	上调整螺栓	A3	1	

序号	零件名称	材料	数量	比例
6	弹簧	65Mn	1	

有效圈数: 8圈

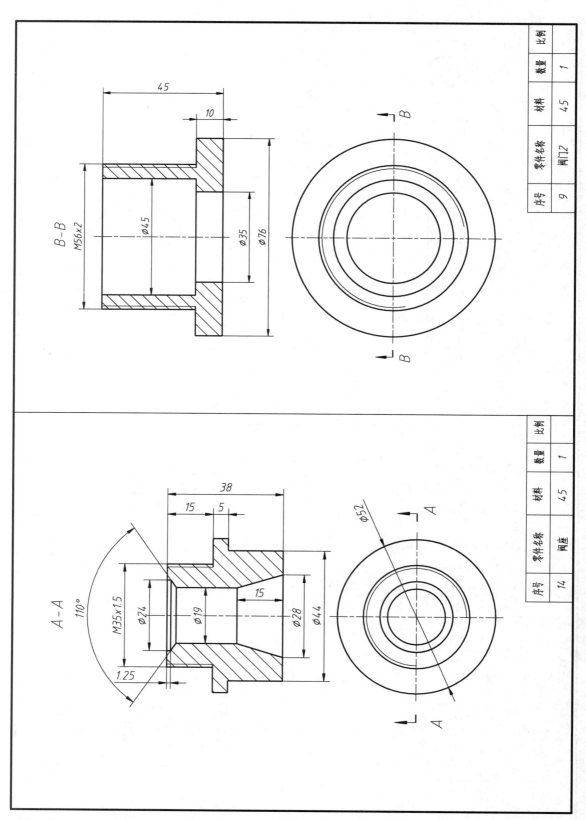

比例		
数量	1	
材料	45	
零件名称	阀门2	
序号	9	

比例		
数量	1	
材料	45	
零件名称	阀座	
序号	14	

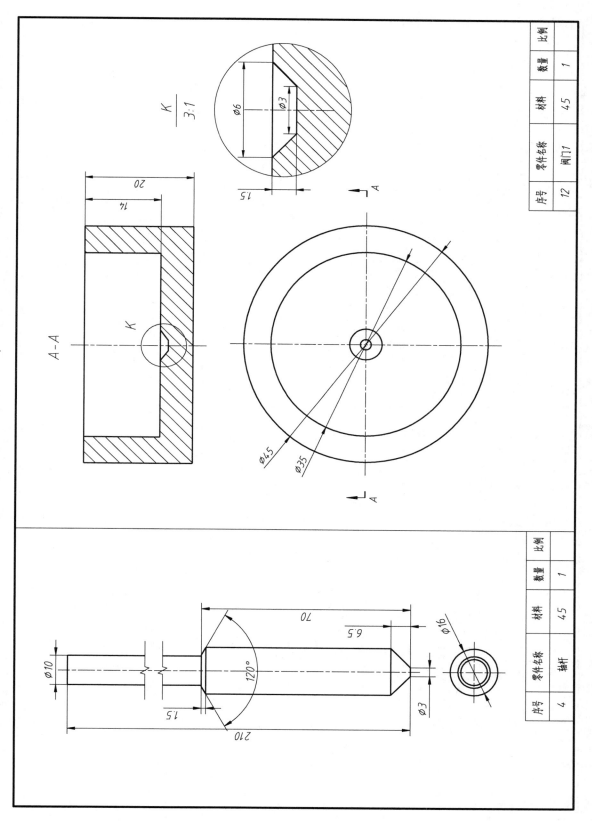

序号	零件名称	材料	数量	比例
12	阀门1	45	1	

序号	零件名称	材料	数量	比例
4	轴杆	45	1	

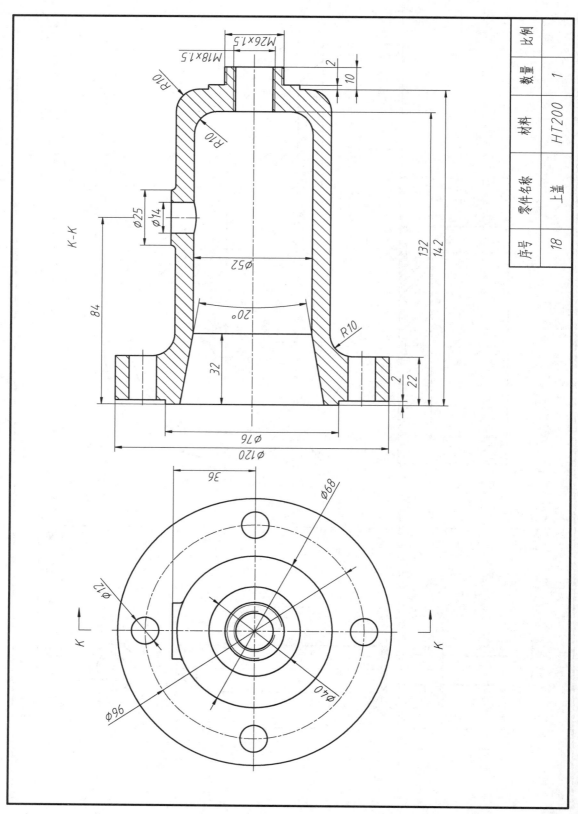

序号	零件名称	材料	数量	比例
18	上盖	HT200	1	

4.13 喷射器

工作原理：喷射器是一个空气与燃料混合装置。压缩空气自 B 口输入，燃料从 C 口输入，在下阀体内混合后，经由 G 口输出至燃烧室，G 口连接压力表。

工作任务

1. 根据所给喷射器的零件图建立相应的三维模型，每个零件模型对应一个文件，文件名为该零件名称。

2. 按照给定的装配示意图将零件三维模型进行装配，命名为"喷射器三维装配体"。

3. 根据拆装顺序对喷射器装配体进行三维爆炸分解，并输出分解动画文件，命名为"喷射器分解动画"。

4. 按装配工程图样生成二维装配工程图（包括视图、零件序号、尺寸、技术要求、明细表、标题栏等），命名为"喷射器二维装配图"。

5. 由下阀体模型（1 号件）生成如下阀体零件图所示的二维图，标注尺寸，命名为"下阀体零件图"。

本套图摘自广东省图形技能与创新设计竞赛考题。

扫一扫

扫二维码观看喷射器分解动画和运动仿真动画

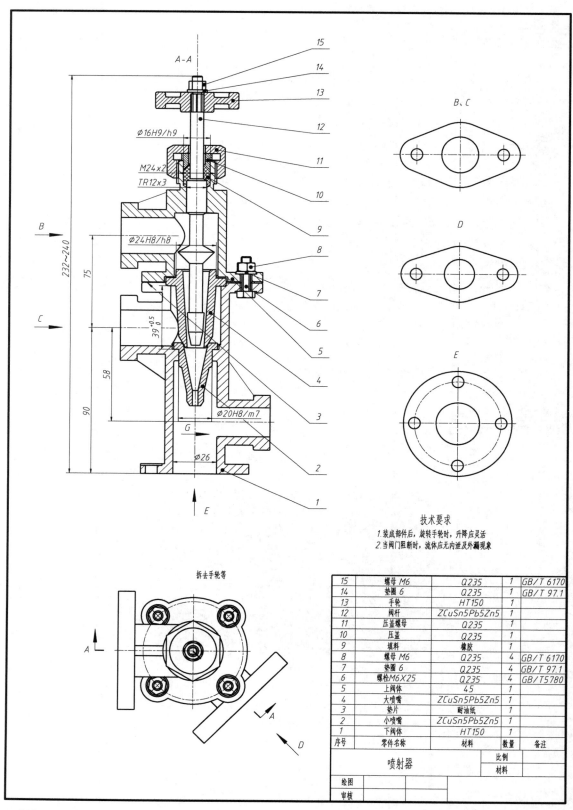

A-A

15
14
13
12

Φ16H9/h9

M24×2
TR12×3

11
10
9

B

Φ24H8/h8

8
7

C

39⁺⁰·⁵₀

6
5

232~240
75
58
90

4
3

G

Φ20H8/m7

2

Φ26

1

E

拆去手轮等

B、C

D

E

技术要求
1.装成部件后，旋转手轮时，升降应灵活
2.当阀门阻断时，流体应无内泄及外漏现象

15	螺母 M6	Q235	1	GB/T 6170
14	垫圈 6	Q235	1	GB/T 97.1
13	手轮	HT150	1	
12	阀杆	ZCuSn5Pb5Zn5	1	
11	压盖螺母	Q235	1	
10	压盖	Q235	1	
9	填料	橡胶	1	
8	螺母 M6	Q235	4	GB/T 6170
7	垫圈 6	Q235	4	GB/T 97.1
6	螺栓M6×25	Q235	4	GB/T5780
5	上阀体	45	1	
4	大喷嘴	ZCuSn5Pb5Zn5	1	
3	垫片	耐油纸	1	
2	小喷嘴	ZCuSn5Pb5Zn5	1	
1	下阀体	HT150	1	
序号	零件名称	材料	数量	备注

喷射器

	比例	
	材料	
绘图		
审核		

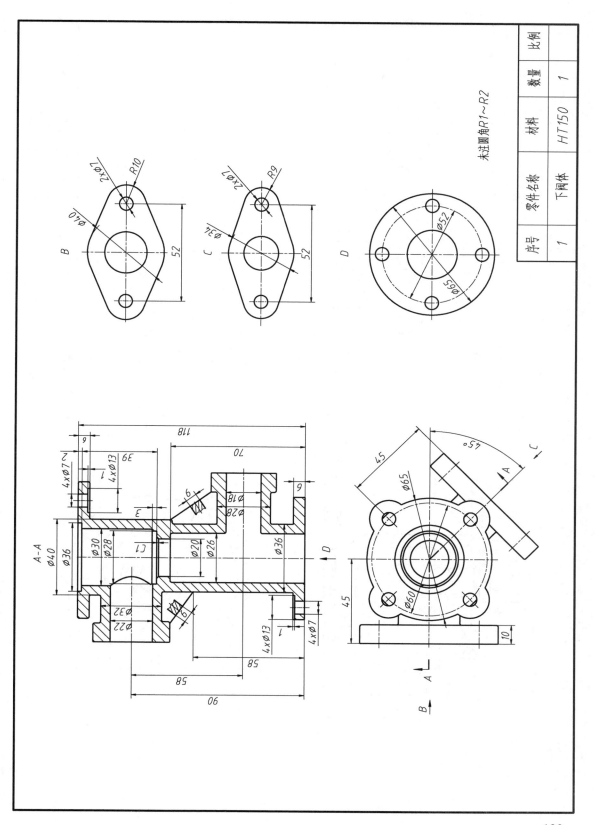

未注圆角R1~R2

序号	零件名称	材料	数量	比例
1	下阀体	HT150	1	

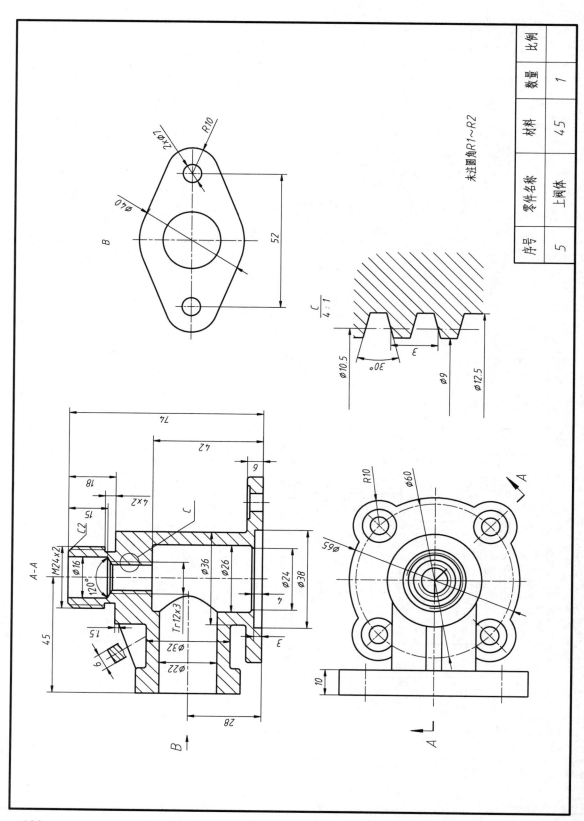

未注圆角R1~R2

序号	零件名称		材料	数量	比例
5	上阀体		45	1	

· 130 ·

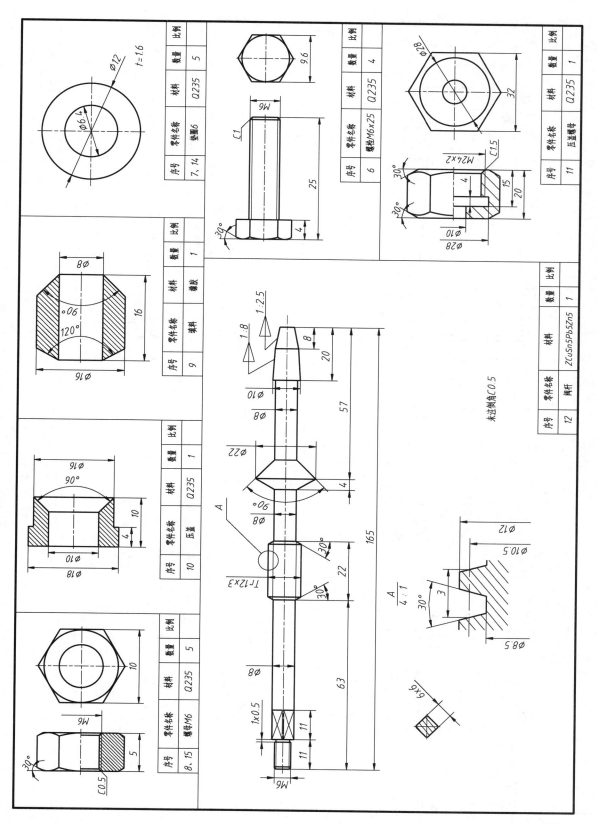

序号	零件名称	材料	数量	比例
7、14	垫圈6	Q235	5	

序号	零件名称	材料	数量	比例
6	螺栓M6×25	Q235	4	

序号	零件名称	材料	数量	比例
11	压盖螺母	Q235	1	

序号	零件名称	材料	数量	比例
9	填料	橡胶	1	

序号	零件名称	材料	数量	比例
10	压盖	Q235	1	

序号	零件名称	材料	数量	比例
8、15	螺母M6	Q235	5	

序号	零件名称	材料	数量	比例
12	阀杆	ZCuSn5Pb5Zn5	1	

未注倒角C0.5

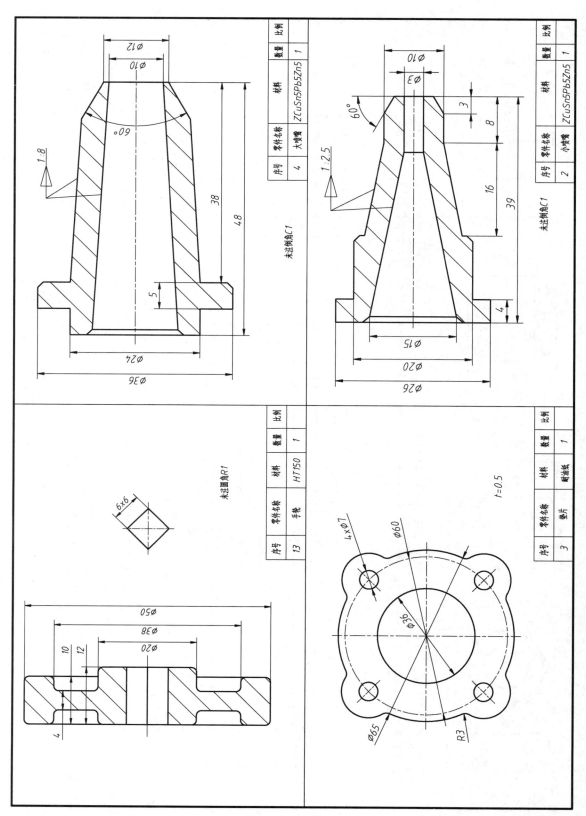

未注倒角C1

序号	零件名称	材料	数量	比例
4	大喷嘴	ZCuSn5Pb5Zn5	1	

1.8

60°

Ø10
Ø12

38
48

5

Ø24
Ø36

未注倒角C1

序号	零件名称	材料	数量	比例
2	小喷嘴	ZCuSn5Pb5Zn5	1	

1:2.5

60°

Ø10
Ø3

3
8
16
39

4

Ø15
Ø20
Ø26

未注圆角R1

序号	零件名称	材料	数量	比例
13	手轮	HT150	1	

6×6

Ø50
Ø38
Ø20

10
12

4

---

t=0.5

序号	零件名称	材料	数量	比例
3	垫片	耐油纸	1	

4×Ø7
Ø60
Ø36
Ø65
R3

4.14 气动发动机

气动发动机是以压缩空气为介质的原动机，它是采用压缩气体的膨胀作用，把压力能转换为机械能的动力装置。工作过程：压缩气体从螺纹接头（14）进入机身，推动连接轴（4）旋转，连接轴通过曲柄（2）与连杆（7）带动活塞（9）工作。在动轮（13）的惯性与气体连续供给的作用下，活塞实现连续工作。通过调整螺钉（16）可以调节气体的大小从而实现活塞工作的速度。

 工作任务

1. 根据所给的零件图建立相应的三维模型，每个零件模型对应一个文件，文件名为该零件名称。

2. 按照给定的装配示意图将零件三维模型进行装配，命名为"气动发动机三维装配体"。

3. 根据拆装顺序对气动发动机装配体进行三维爆炸分解，并输出分解动画文件，命名为"气动发动机分解动画"。

4. 按照装配工程图样生成二维装配工程图（包括视图、零件序号、尺寸、明细表、标题栏等），命名为"气动发动机二维装配图"。

5. 生成气动发动机运动仿真动画，其中机身应逐渐透明然后消隐，能看清楚气动发动机的工作过程，并生成 AVI 格式文件，命名为"气动发动机运动仿真动画"。

 扫一扫

扫二维码观看气动发动机分解动画和运动仿真动画

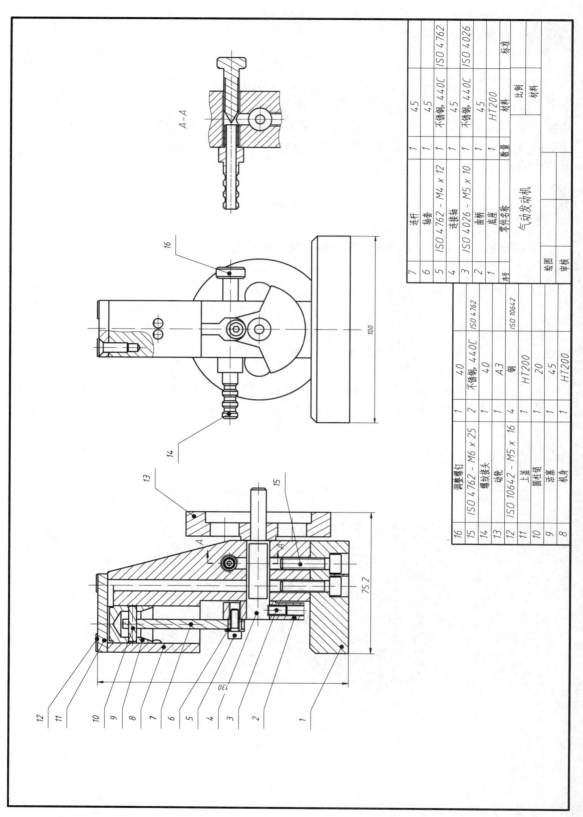

A—A

序号	零件名称	数量	材料	标准
16	调整螺钉	1	40	
15	ISO 4762 - M6 × 25	2	不锈钢 440C	ISO 4762
14	螺纹接头	1	40	
13	动轮	1	A3	
12	ISO 10642 - M5 × 16	4	钢	ISO 10642
11	上盖	1	HT200	
10	圆柱销	1	20	
9	活塞	1	45	
8	机身	1	HT200	
7	连杆	1	45	
6	轴套	1	不锈钢 440C	
5	ISO 4762 - M4 × 12	1	45	ISO 4762
4	连接轴	1	45	
3	ISO 4026 - M5 × 10	1	不锈钢 440C	ISO 4026
2	曲轴	1	45	
1	底座	1	HT200	

气动发动机

绘图　　　比例　　　材料
审核

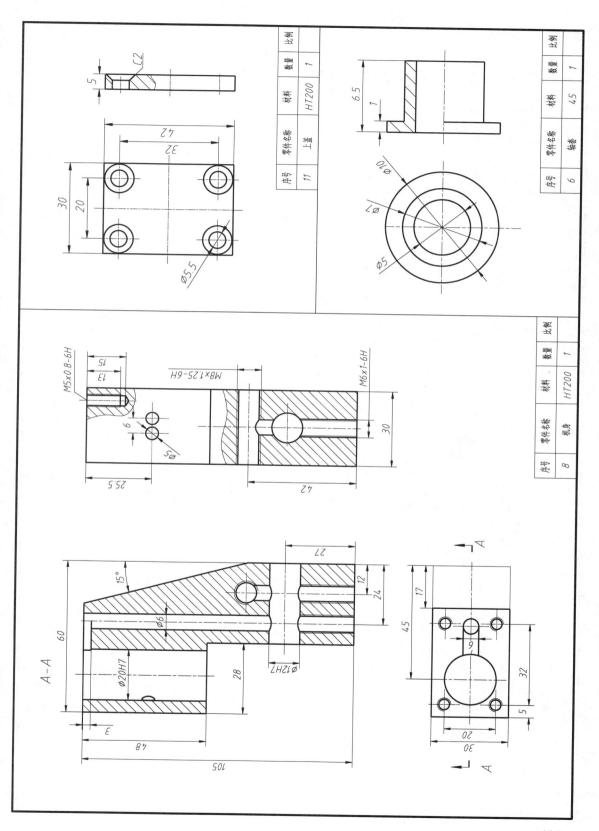

序号	零件名称	材料	数量	比例
11	上盖	HT200	1	

序号	零件名称	材料	数量	比例
6	轴套	45	1	

序号	零件名称	材料	数量	比例
8	机身	HT200	1	

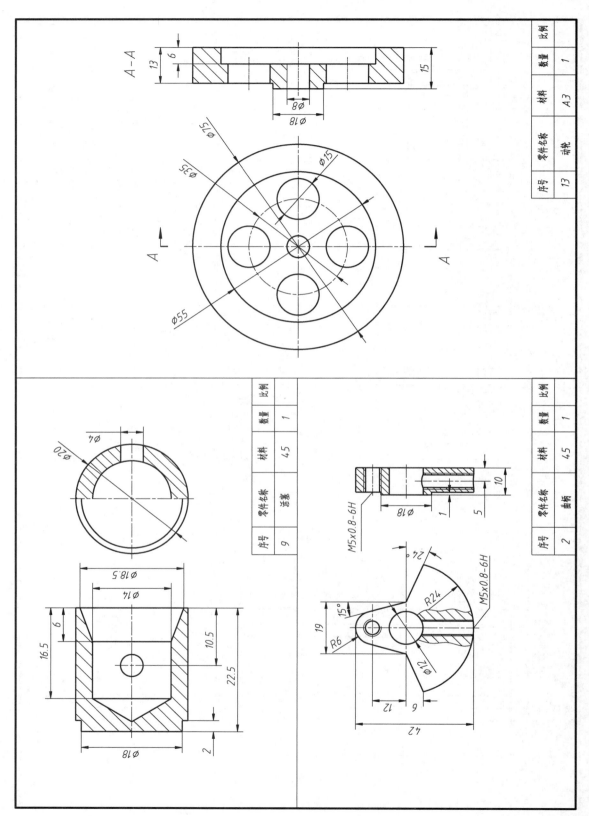

序号	零件名称	材料	数量	比例
13	动轮	A3	1	

序号	零件名称	材料	数量	比例
9	活塞	45	1	

序号	零件名称	材料	数量	比例
2	曲柄	45	1	

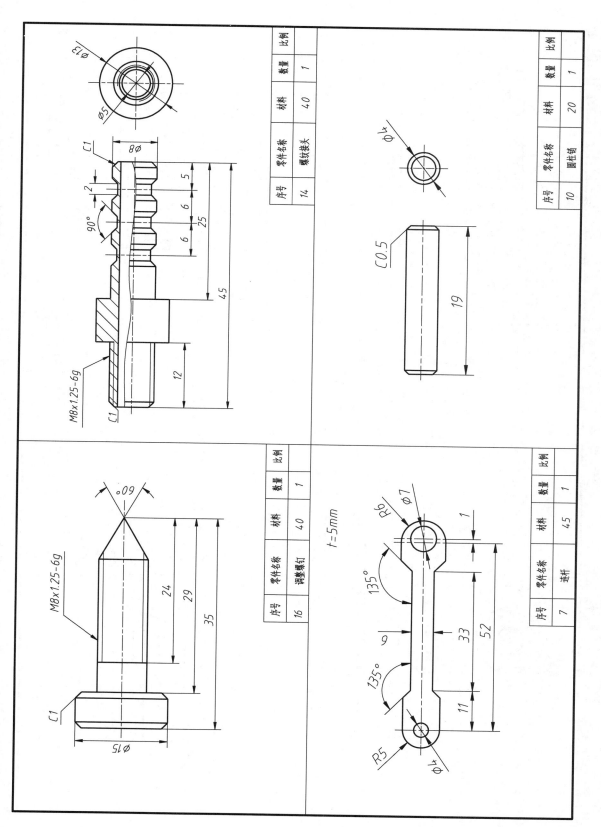

序号	零件名称	材料	数量	比例
14	螺纹接头	40	1	

序号	零件名称	材料	数量	比例
10	圆柱销	20	1	

序号	零件名称	材料	数量	比例
16	调整螺钉	40	1	

序号	零件名称	材料	数量	比例
7	连杆	45	1	

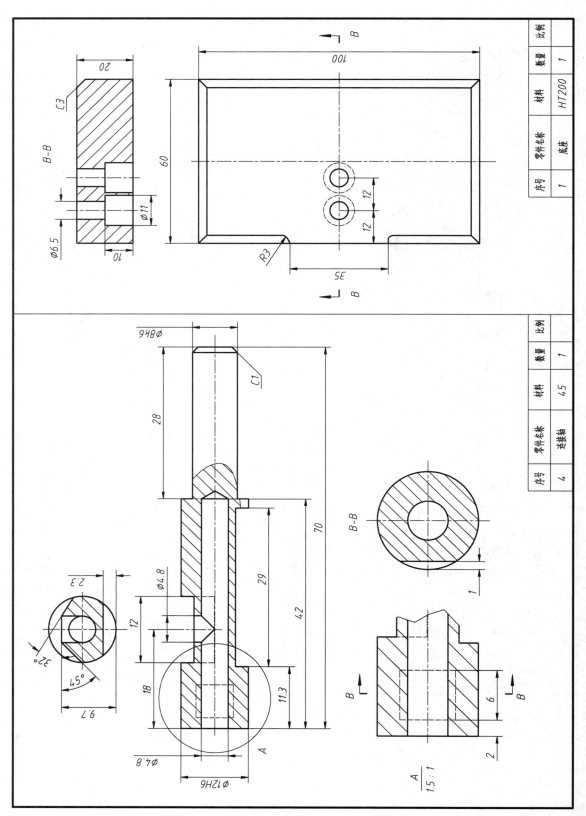

序号	零件名称	材料	数量	比例
1	底座	HT200	1	

序号	零件名称	材料	数量	比例
4	连接轴	45	1	

4.15 五缸星型发动机

星型发动机是一种气缸环绕曲轴呈星形排列的活塞式发动机，也是一种由热能转换成动能的动力装置。工作过程：汽油与空气在活塞缸（8）内混合燃烧，热气膨胀，推动活塞（10）运动，活塞直线运动通过连杆（6）带动飞轮轴（4）转动，实现圆周运动。

 工作任务

1. 根据所给的零件图建立相应的三维模型，每个零件模型对应一个文件，文件名为该零件名称。

2. 按照给定的装配示意图将零件三维模型进行装配，命名为"星型发动机三维装配体"。

3. 根据拆装顺序对星型发动机装配体进行三维爆炸分解，并输出分解动画文件，命名为"星型发动机分解动画"。

4. 按照装配工程图样生成二维装配工程图（包括视图、零件序号、尺寸、明细表、标题栏等），命名为"星型发动机二维装配图"。

5. 生成星型发动机运动仿真动画，其中腔体、活塞缸、活塞套应逐渐透明然后消隐，能看清楚星型发动机的工作过程，并生成 AVI 格式文件，命名为"星型发动机运动仿真动画"。

 扫一扫

扫二维码观看五缸星型发动机分解动画和运动仿真动画

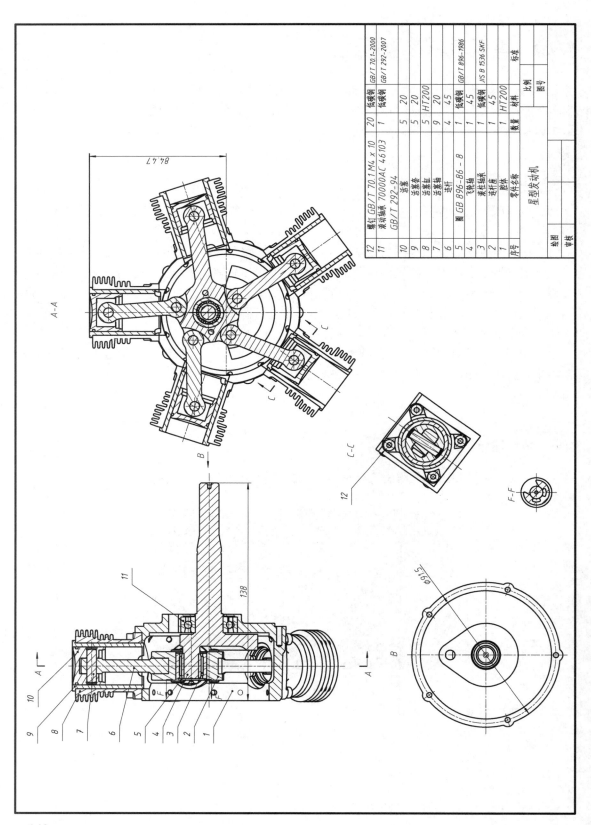

序号	零件名称	数量	材料	标准
12	螺钉 GB/T 70.1 M4×10	20	低碳钢	GB/T 70.1-2000
11	滚动轴承 70000AC 46103	1	低碳钢	GB/T 292-2007
	GB/T 292-94			
10	活塞	5	20	
9	活塞套	5	20	
8	活塞缸	9	HT200	
7	活塞轴	9	20	
6	连杆	4	45	
5	圈 GB 896-86 - 8	1	低碳钢	GB 896-1986
4	飞轮轴	1	45	
3	滚柱轴承	1	低碳钢	JIS B 1536 SKF
2	连杆座	1	45	
1	壳体	1	HT200	
序号	零件名称	数量	材料	标准

星型发动机

比例

图号

绘图

审核

A-A

C-C

F-F

B

A

A

B

84.47

138

Φ915

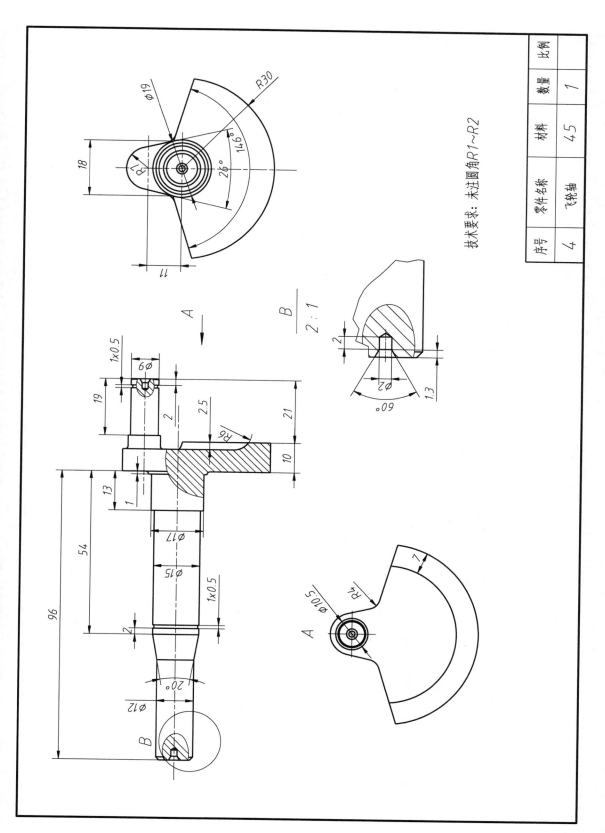

技术要求: 未注圆角R1~R2

序号	零件名称	材料	数量	比例
4	飞轮轴	45	1	

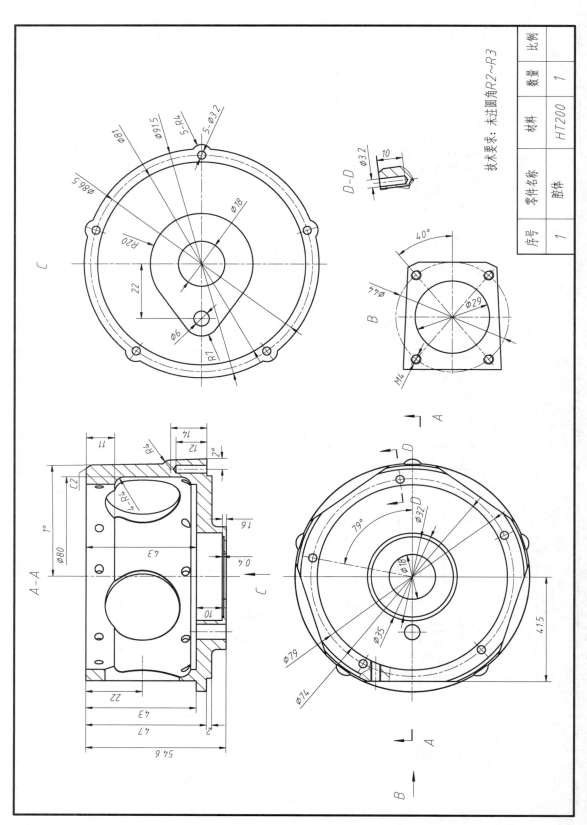

技术要求：未注圆角R2~R3

序号	零件名称	材料	数量	比例
1	腔体	HT200	1	

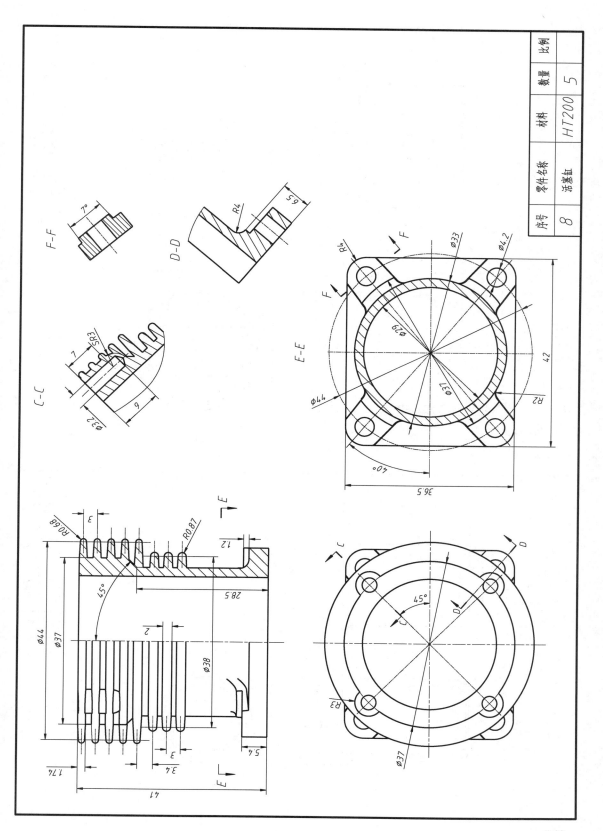

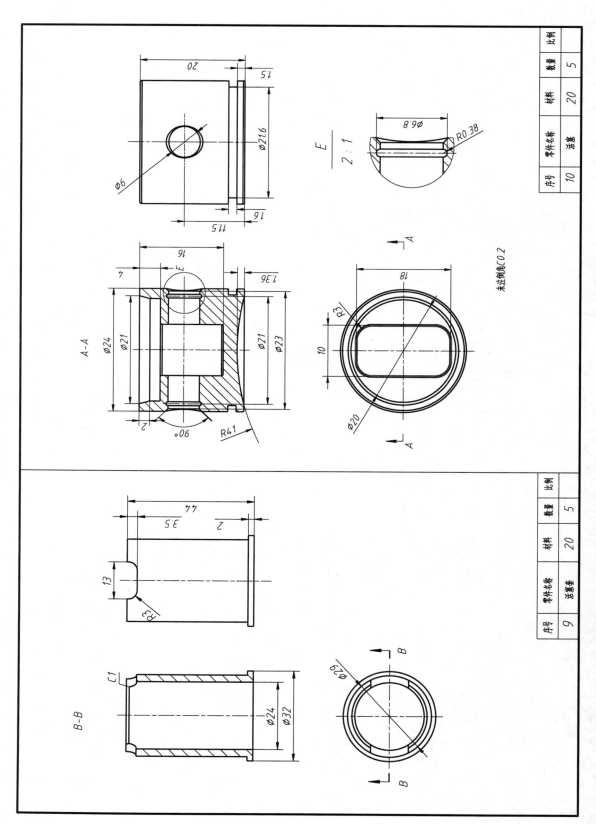

未注倒角C0.2

序号	零件名称	材料	数量	比例
10	活塞	20	5	

序号	零件名称	材料	数量	比例
9	活塞套	20	5	

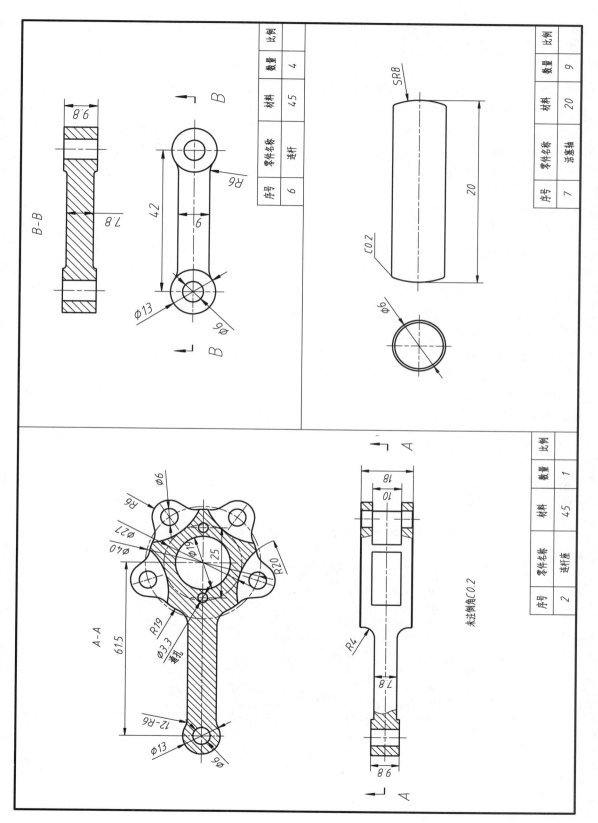

B—B

序号	零件名称	材料	数量	比例
6	连杆	45	4	

序号	零件名称	材料	数量	比例
7	活塞轴	20	9	

A—A

未注倒角C0.2

序号	零件名称	材料	数量	比例
2	连杆座	45	1	

4.16 斯特林发动机

斯特林发动机是伦敦的牧师罗巴特·斯特林（Robert Stirling）于1816年发明的，所以命名为"斯特林发动机"。斯特林发动机是独特的热机，因为它实际上的效率几乎等于理论最大效率，称为卡诺循环效率。斯特林发动机是通过气体受热膨胀、遇冷压缩而产生动力的。这是一种外燃发动机，使燃料连续地燃烧，蒸发的膨胀氢气（或氦气）作为动力气体使活塞运动，膨胀气体在冷气室冷却，反复地进行这样的循环过程。

工作任务

1. 根据所给的零件图建立相应的三维模型，每个零件模型对应一个文件，文件名为该零件名称。

2. 按照给定的装配示意图将零件三维模型进行装配，命名为"斯特林发动机三维装配体"。

3. 根据拆装顺序对斯特林发动机装配体进行三维爆炸分解，并输出分解动画文件，命名为"斯特林发动机分解动画"。

4. 按装配工程图样生成二维装配工程图（包括视图、零件序号、尺寸、明细表、标题栏等），命名为"斯特林发动机二维装配图"。

5. 生成斯特林发动机运动仿真动画，其中点火盒与缸体应逐渐透明然后消隐，能看清楚斯特林发动机的运动过程，并生成 AVI 格式文件，命名为"斯特林发动机运动仿真动画"。

*本套图摘自世界技能大赛 CAD 机械设计项目样题。

扫二维码观看斯特林发动机分解动画和运动仿真动画

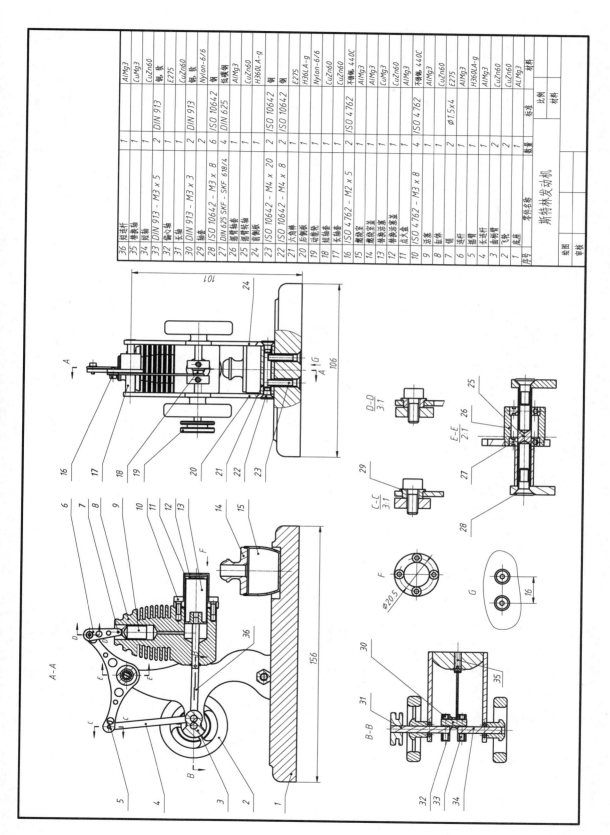

36	起动杆		1		AlMg3
35	蓄表油		1		CuMg3
34	起油		1		CuZn60
33	DIN 913 - M3 x 5	DIN 913	2		钢，氧
32	偏心轴		1		E275
31	长轴		1		CuZn60
30	DIN 913 - M3 x 3	DIN 913	2		钢，氧
29	轴套		6		Nylon-6/6
28	ISO 10642 - M3 x 8	ISO 10642	6		钢
27	DIN 625 SKF - SKF 618/4	DIN 625	4		低碳钢
26	凸轮轴套		1		AlMg3
25	凸轮臂转轴		1		CuZn60
24	凸轮板		1		H360LA-g
23	ISO 10642 - M4 x 20	ISO 10642	2		钢
22	ISO 10642 - M4 x 8	ISO 10642	2		钢
21	六角棒		1		E275
20	后衡板		1		H36LA-g
19	动摆轮		1		Nylon-6/6
18	短轴套		1		CuZn60
17	长轴套		1		CuZn60
16	ISO 4762 - M2 x 5	ISO 4762	2		不锈钢, 440C
15	燃烧室		1		AlMg3
14	燃烧室盖		1		AlMg3
13	带热活塞		1		CuZn60
12	带热活塞盖		1		CuZn60
11	点火盒		1		AlMg3
10	ISO 4762 - M3 x 8	ISO 4762	4		不锈钢, 440C
9	活塞		1		AlMg3
8	缸体		1		CuZn60
7	销	Ø1.5x4	2		E275
6	连杆		1		AlMg3
5	起臂		1		H360LA-g
4	长连杆		2		AlMg3
3	曲柄臂		1		CuZn60
2	飞轮		2		CuZn60
1	底座		1		AlMg3
序号	零件名称	标准	数量	比例	材料

斯特林发动机

绘图

审核

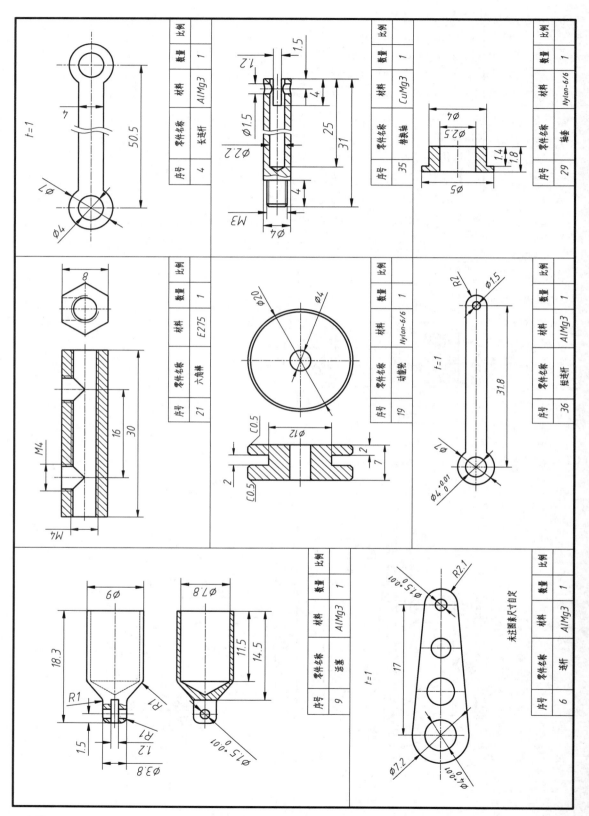

序号	零件名称	材料	数量	比例
4	长连杆	AlMg3	1	

序号	零件名称	材料	数量	比例
35	替换轴	CuMg3	1	

序号	零件名称	材料	数量	比例
29	轴套	Nylon-6/6	1	

序号	零件名称	材料	数量	比例
21	六角棒	E275	1	

序号	零件名称	材料	数量	比例
19	动磁轮	Nylon-6/6	1	

序号	零件名称	材料	数量	比例
36	短连杆	AlMg3	1	

序号	零件名称	材料	数量	比例
9	活塞	AlMg3	1	

未注圆素尺寸自定

序号	零件名称	材料	数量	比例
6	连杆	AlMg3	1	

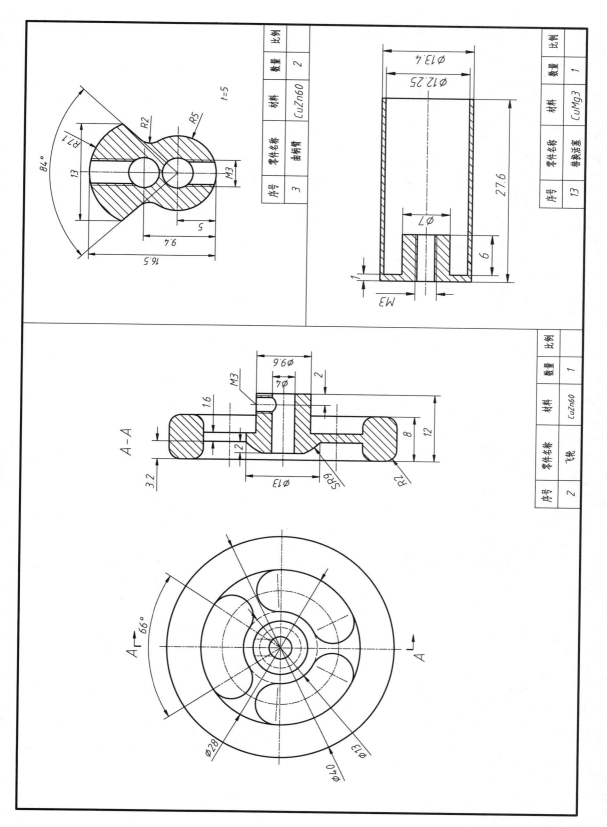

序号	零件名称	材料	数量	比例
3	曲柄销	CuZn60	2	

t=5

序号	零件名称	材料	数量	比例
13	替换活塞	CuMg3	1	

A－A

序号	零件名称	材料	数量	比例
2	飞轮	CuZn60	1	

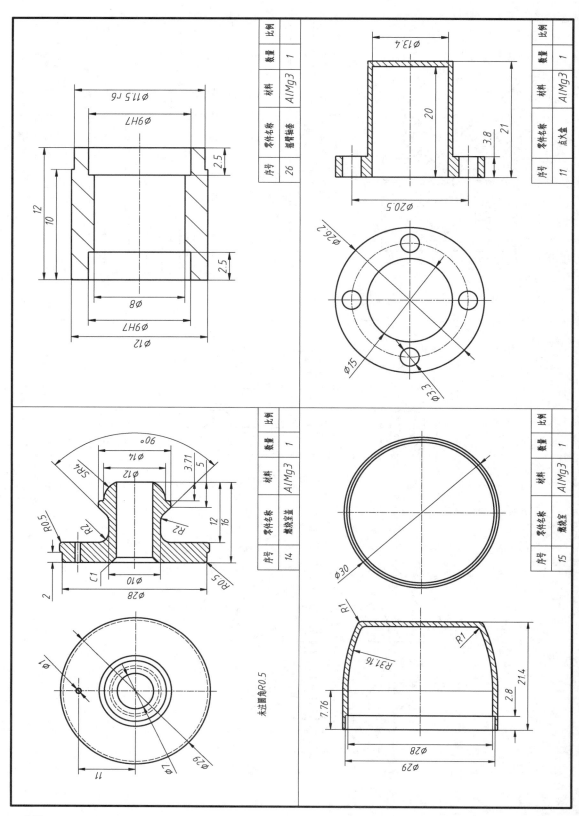

序号	零件名称	材料	数量	比例
26	摇臂轴套	AlMg3	1	

序号	零件名称	材料	数量	比例
11	点火盒	AlMg3	1	

序号	零件名称	材料	数量	比例
14	燃烧室盖	AlMg3	1	

序号	零件名称	材料	数量	比例
15	燃烧室	AlMg3	1	

未注圆角R0.5

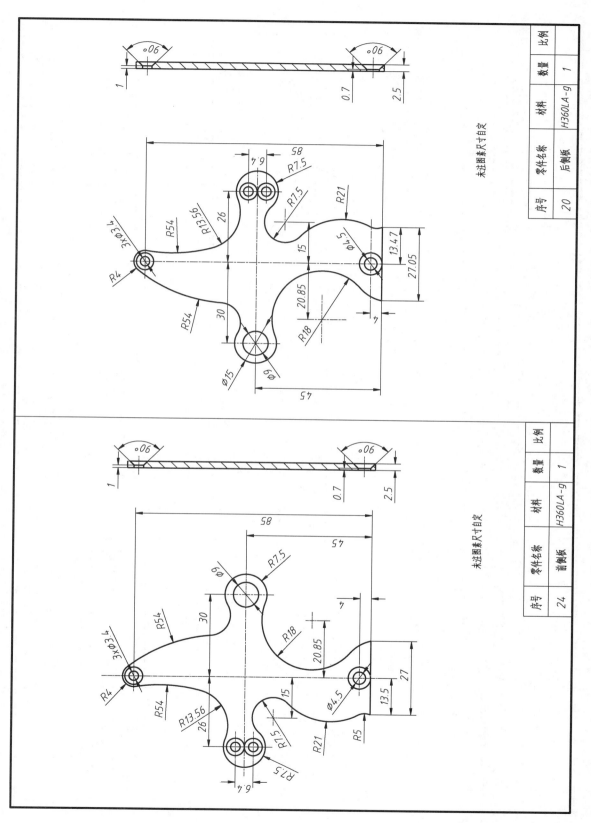

未注图素尺寸自定

序号	零件名称	材料	数量	比例
20	后侧板	H360LA-g	1	

未注图素尺寸自定

序号	零件名称	材料	数量	比例
24	前侧板	H360LA-g	1	

· 151 ·

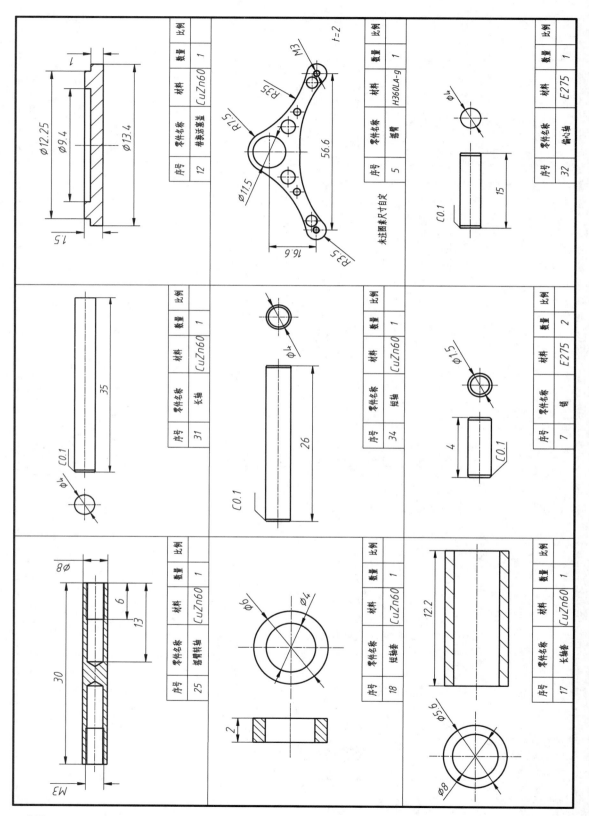

序号	零件名称	材料	数量	比例
12	替换活塞盖	CuZn60	1	

序号	零件名称	材料	数量	比例
5	摇臂	H360LA-g	1	

未注圆素尺寸自定

序号	零件名称	材料	数量	比例
32	偏心轴	E275	1	

序号	零件名称	材料	数量	比例
31	长轴	CuZn60	1	

序号	零件名称	材料	数量	比例
34	短轴	CuZn60	1	

序号	零件名称	材料	数量	比例
7	销	E275	2	

序号	零件名称	材料	数量	比例
25	摇臂转轴	CuZn60	1	

序号	零件名称	材料	数量	比例
18	短轴套	CuZn60	1	

序号	零件名称	材料	数量	比例
17	长轴套	CuZn60	1	

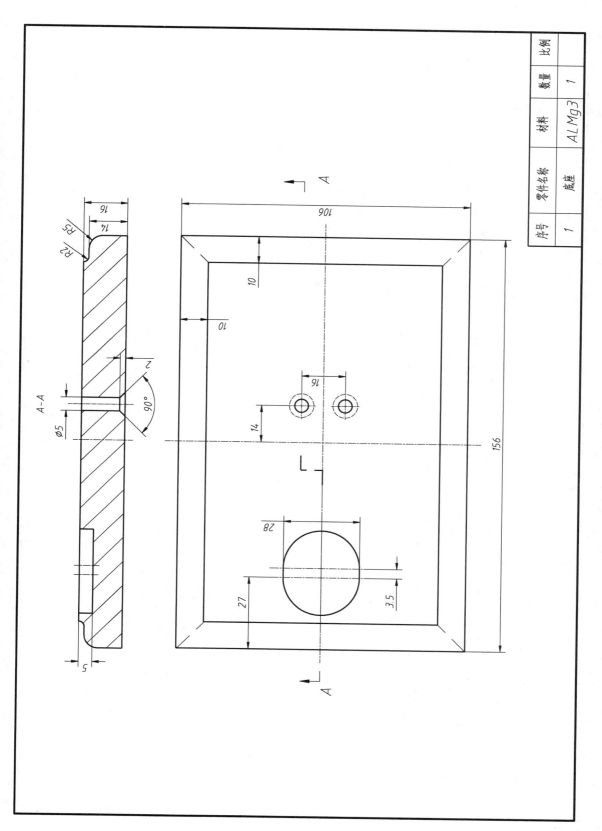

序号	零件名称	材料	数量	比例
1	底座	ALMg3	1	

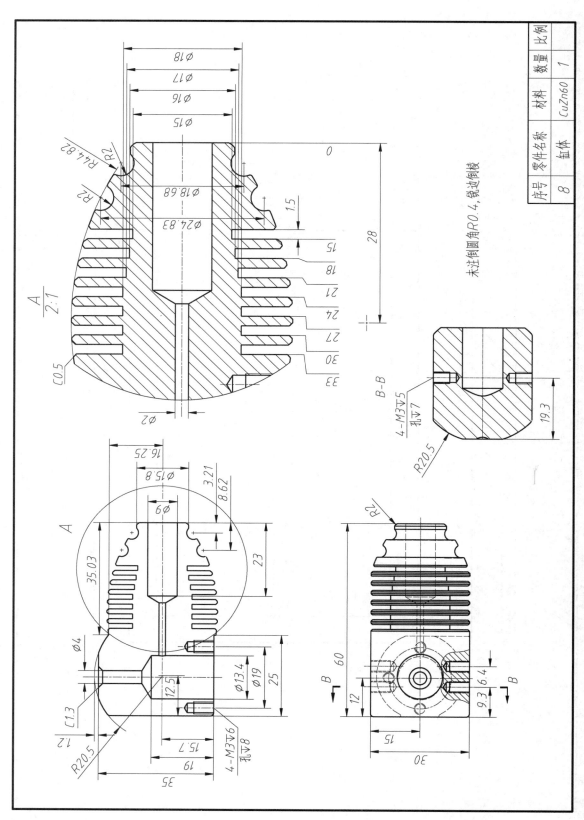

$\dfrac{A}{2:1}$

R44.82
R2
R2

∅18
∅17
∅16
∅15

∅18.68
∅24.83

0
1.5
15
18
21
24
27
30
33
28

C0.5

∅2

未注倒圆角R0.4，锐边倒棱

B-B
4-M3▽5
孔▽7
R20.5
19.3

R2
60
12
9.3 6.4
B
B
15
30

16.25
∅15.8
3.21
8.62
∅9
23
A
35.03
∅4
12.5
∅13.4
∅19
25
C1.3
1.2
R20.5
15.7
19
35
4-M3▽6
孔▽8

序号	零件名称	材料	数量	比例
8	缸体	CuZn60	1	

· 154 ·

4.17 螺旋千斤顶

螺旋千斤顶是利用螺旋传动来顶起重物的装置，该装置是通过锥齿轮啮合传动，带动螺杆转动，实现螺套升降移动的。工作过程：逆时针旋转扭件（1），通过销钉（14）连接带动锥齿轮1（2）旋转，锥齿轮2（11）安装在端面滚动轴承（13）上端面，在锥齿轮1带传动下顺时针旋转，螺杆（5）与锥齿轮2中心孔连接固定，锥齿轮2旋转时，螺杆旋转，螺套（6）向上移动，实现顶起重物。扭件顺时针方向旋转时，螺套向下移动。

 工作任务

1. 根据所给螺旋千斤顶的零件图建立相应的三维模型，每个零件模型对应一个文件，文件名为该零件名称。

2. 按照给定的装配示意图将零件三维模型进行装配，命名为"螺旋千斤顶三维装配体"。

3. 根据拆装顺序对螺旋千斤顶装配体进行三维爆炸分解，并输出分解动画文件，命名为"螺旋千斤顶分解动画"。

4. 按装配工程图样生成二维装配工程图（包括视图、零件序号、尺寸、技术要求、明细表、标题栏等），命名为"螺旋千斤顶二维装配图"。

5. 生成螺旋千斤顶运动仿真动画，其中主体与导套应逐渐透明然后消隐，能看清楚螺旋千斤顶的运动过程，并生成AVI格式文件，命名为"螺旋千斤顶运动仿真动画"。

 扫一扫

扫二维码观看螺旋千斤顶分解动画和运动仿真动画

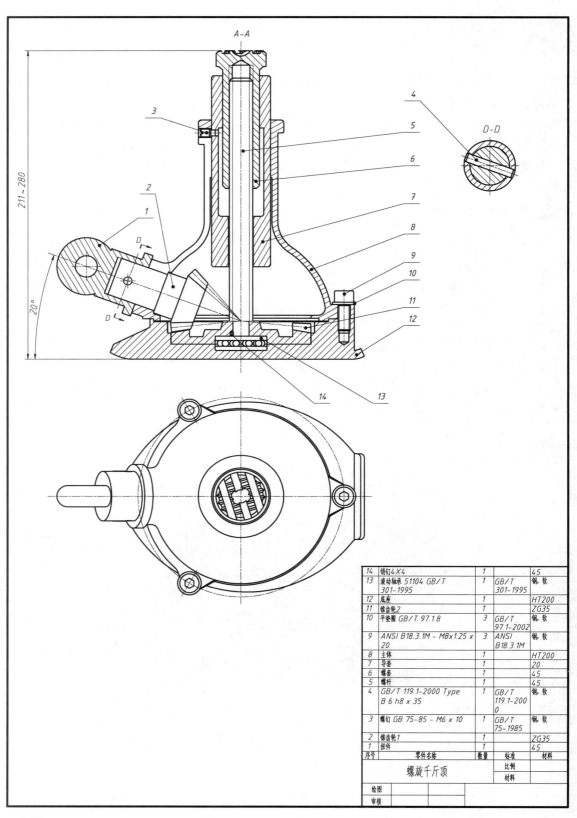

14	销钉4X4	1		45
13	滚动轴承 51104 GB/T 301-1995	1	GB/T 301-1995	钢，软
12	底座	1		HT200
11	锥齿轮2	1		ZG35
10	平垫圈 GB/T 97.1 8	3	GB/T 97.1-2002	钢，软
9	ANSI B18.3.1M - M8x1.25 x 20	3	ANSI B18.3.1M	钢，软
8	主体	1		HT200
7	导套	1		20
6	螺套	1		45
5	螺杆	1		45
4	GB/T 119.1-2000 Type B 6 h8 x 35	1	GB/T 119.1-2000	钢，软
3	螺钉 GB 75-85 - M6 x 10	1	GB/T 75-1985	钢，软
2	锥齿轮1	1		ZG35
1	扭件	1		45
序号	零件名称	数量	标准	材料

螺旋千斤顶

			比例	
			材料	
绘图				
审核				

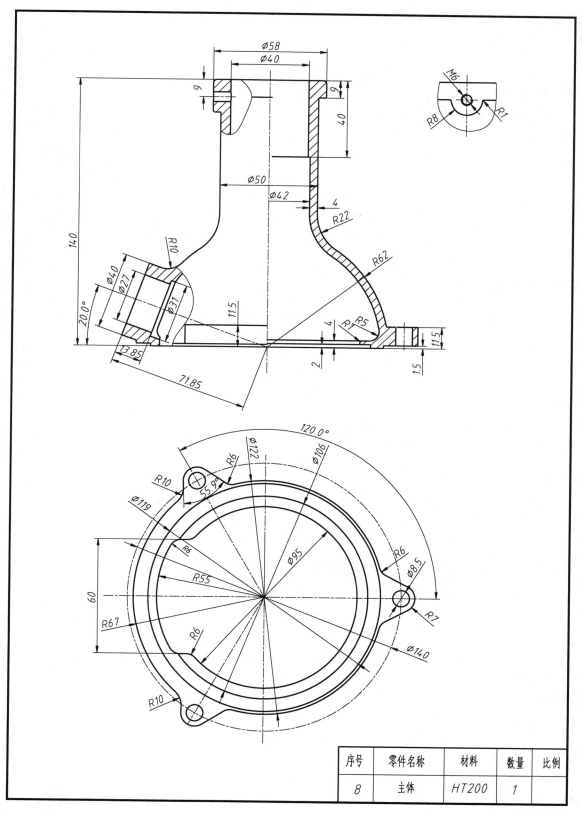

序号	零件名称	材料	数量	比例
8	主体	HT200	1	

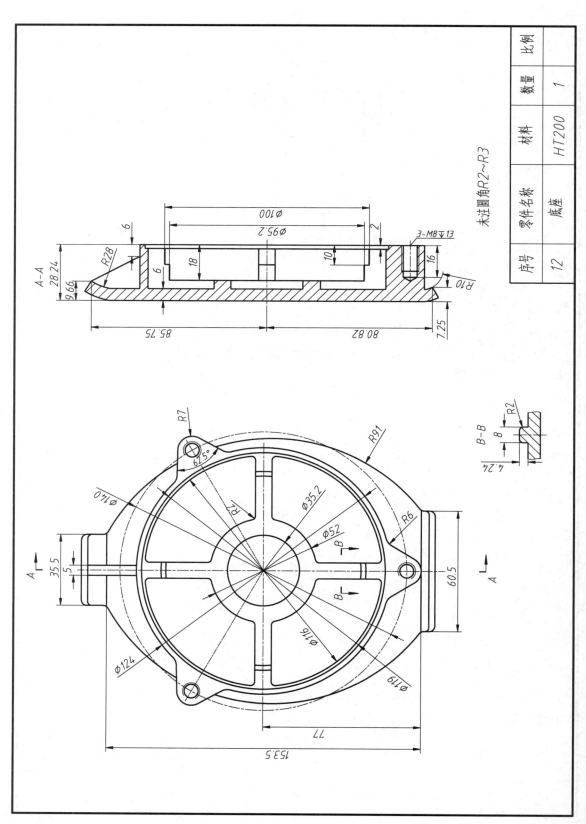

未注圆角R2~R3

序号	零件名称	材料	数量	比例
12	底座	HT200	1	

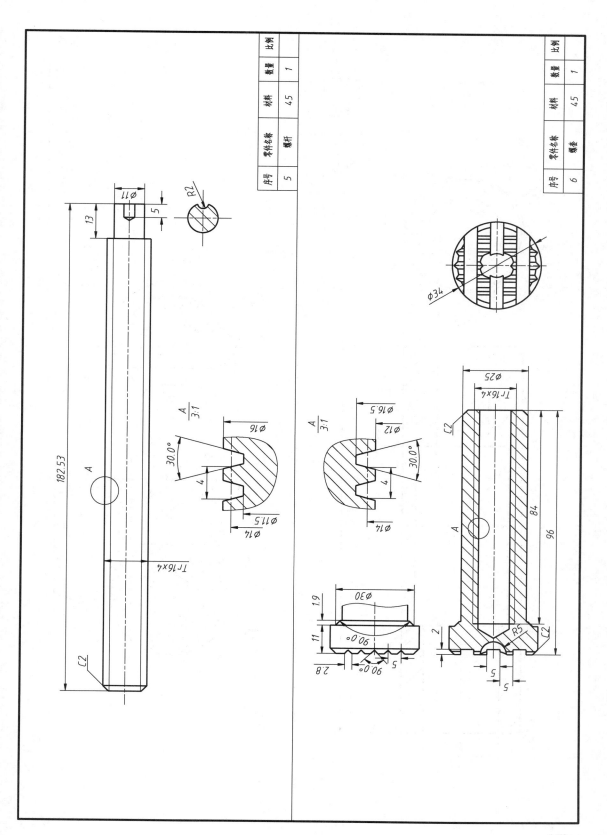

序号	零件名称	材料	数量	比例
5	螺杆	45	1	

序号	零件名称	材料	数量	比例
6	螺套	45	1	

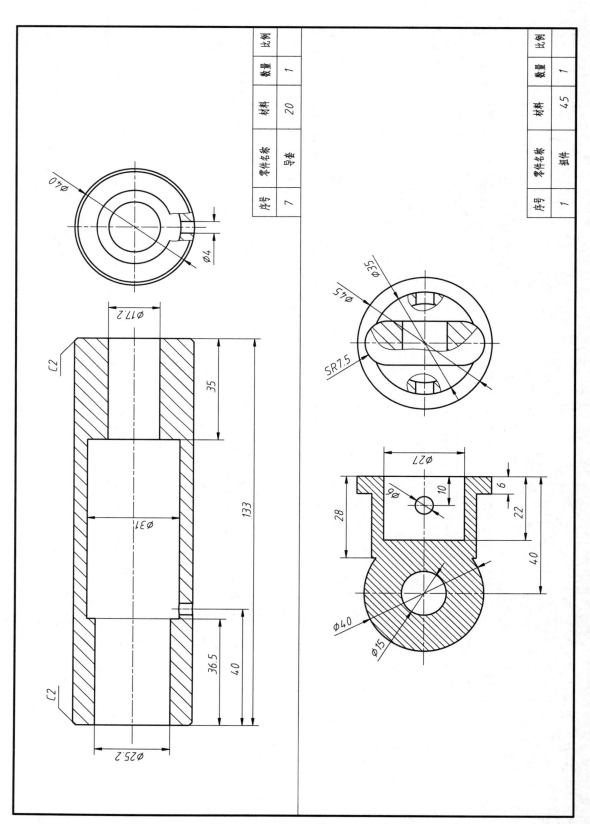

序号	零件名称	材料	数量	比例
7	导套	20	1	

序号	零件名称	材料	数量	比例
1	扭件	45	1	

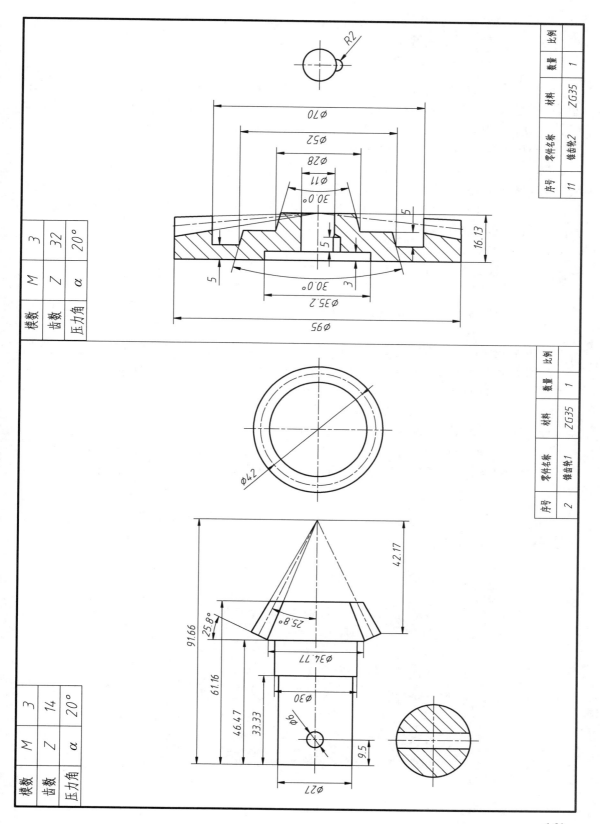

模数	M	3
齿数	Z	32
压力角	α	20°

序号	零件名称	材料	数量	比例
11	锥齿轮2	ZG35	1	

模数	M	3
齿数	Z	14
压力角	α	20°

序号	零件名称	材料	数量	比例
2	锥齿轮1	ZG35	1	

4.18 液压千斤顶

液压千斤顶又称油压千斤顶，是一种采用柱塞式液压缸作为刚性顶举件的千斤顶。工作过程：提起拉杆插座（12）使压杆（7）向上移动，油缸（4）下腔油腔容积增大，形成局部真空，这时单向阀2打开，通过油道从油罐（22）中吸油，用力压下手柄插座，压杆下移，油缸下腔压力升高，单向阀2关闭，单向阀1打开，油缸下腔的油液通过油道输入举升缸（15）的下腔，迫使活塞（23）向上移动，顶起重物。再次提起手柄插座吸油时，单向阀1自动关闭，使油液不能倒流，从而保证了重物不会自行下落，不断地扳动拉杆插座，就能不断地把油液压入举升缸下腔，使重物逐渐地升起。如果打开截止阀3，举升缸下腔的油液通过管道流回油罐，重物就向下移动。

 工作任务

1. 根据所给液压千斤顶的零件图建立相应的三维模型，每个零件模型对应一个文件，文件名为该零件名称。

2. 按照给定的装配示意图将零件三维模型进行装配，命名为"液压千斤顶三维装配体"。

3. 根据拆装顺序对液压千斤顶装配体进行三维爆炸分解，并输出分解动画文件，命名为"液压千斤顶分解动画"。

4. 按装配工程图样生成二维装配工程图（包括视图、零件序号、尺寸、技术要求、明细表、标题栏等），命名为"液压千斤顶二维装配图"。

5. 生成液压千斤顶运动仿真动画，其中底座、油缸、油罐、举升缸应逐渐透明然后消隐，能看清楚液压千斤顶的运动过程，并生成AVI格式文件，命名为"液压千斤顶运动仿真动画"。

 扫一扫

扫二维码观看液压千斤顶分解动画和运动仿真动画

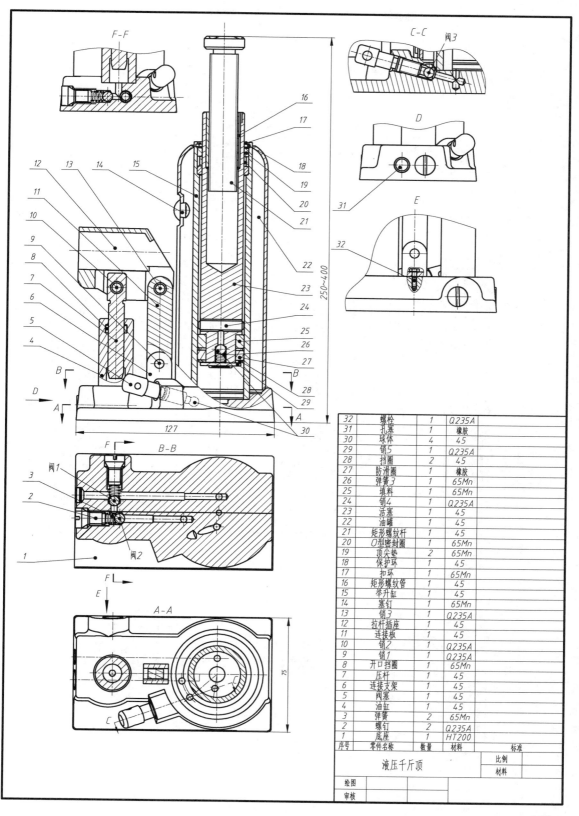

32	螺栓	1	Q235A	
31	孔塞	1	橡胶	
30	球体	4	45	
29	销5	1	Q235A	
28	挡圈	2	45	
27	防滑圈	1	橡胶	
26	弹簧3	1	65Mn	
25	填料	1	65Mn	
24	销4	1	Q235A	
23	活塞	1	45	
22	油罐	1	45	
21	矩形螺纹杆	1	45	
20	O型密封圈	1	65Mn	
19	顶尖垫	2	65Mn	
18	保护环	1	45	
17	扣环	1	65Mn	
16	矩形螺纹管	1	45	
15	举升缸	1	45	
14	塞钉	1	65Mn	
13	销3	1	Q235A	
12	拉杆插座	1	45	
11	连接板	1	45	
10	销2	1	Q235A	
9	销1	1	Q235A	
8	开口挡圈	1	65Mn	
7	压杆	1	45	
6	连接支架	1	45	
5	阀塞	1	45	
4	油缸	1	45	
3	弹簧	2	65Mn	
2	螺钉	2	Q235A	
1	底座	1	HT200	
序号	零件名称	数量	材料	标准

液压千斤顶

	比例	
	材料	
绘图		
审核		

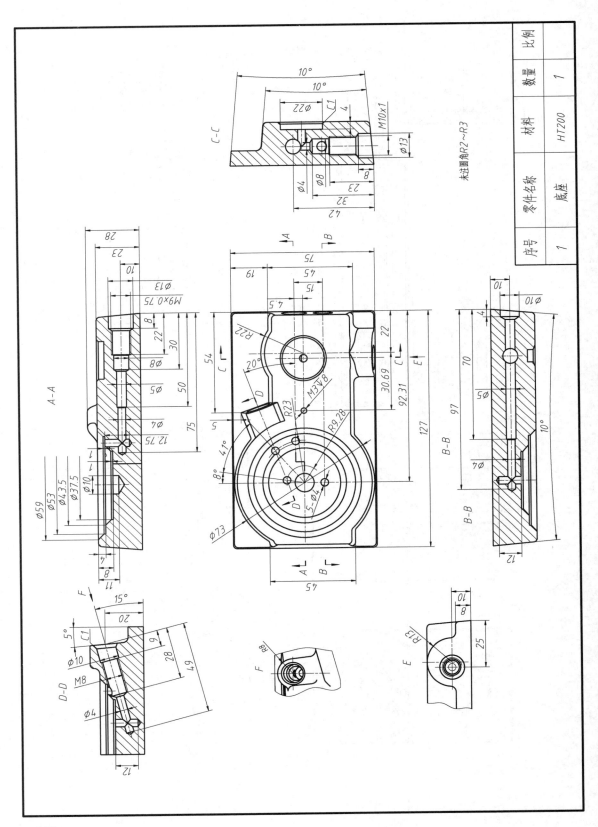

序号	零件名称	材料	数量	比例
1	底座	HT200	1	

未注圆角R2~R3

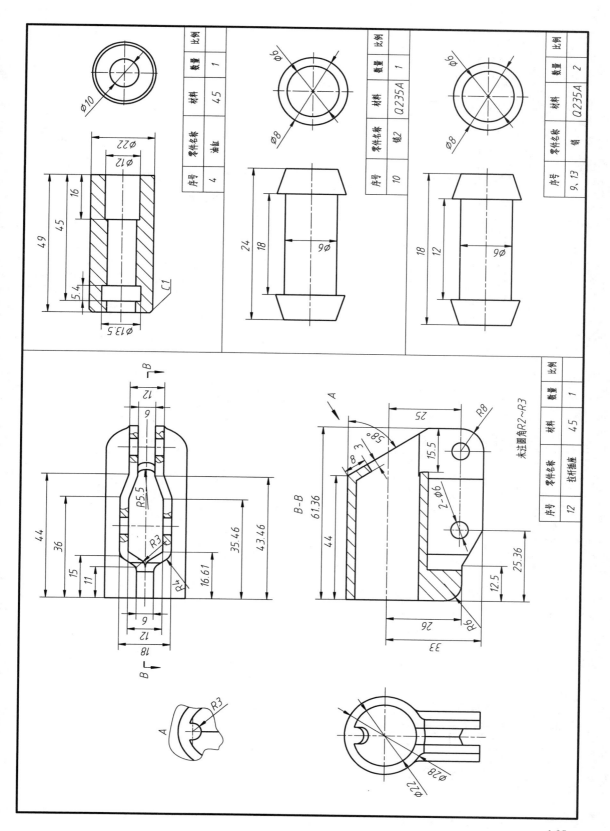

序号	零件名称	材料	数量	比例
4	油缸	45	1	

序号	零件名称	材料	数量	比例
10	销2	Q235A	1	

序号	零件名称	材料	数量	比例
9、13	销	Q235A	2	

序号	零件名称	材料	数量	比例
12	拉料插座	45	1	

未注圆角R2~R3

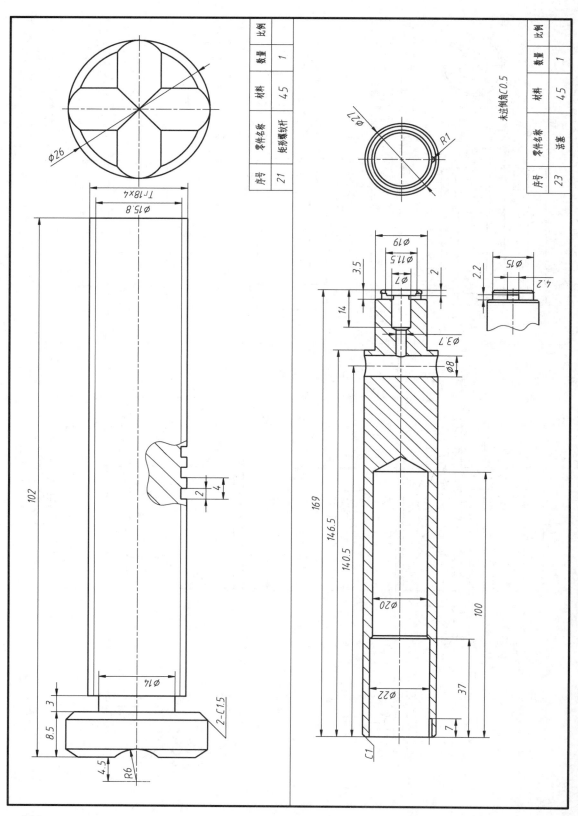

序号	零件名称	材料	数量	比例
21	异形螺纹杆	45	1	

序号	零件名称	材料	数量	比例
23	活塞	45	1	

未注倒角C0.5

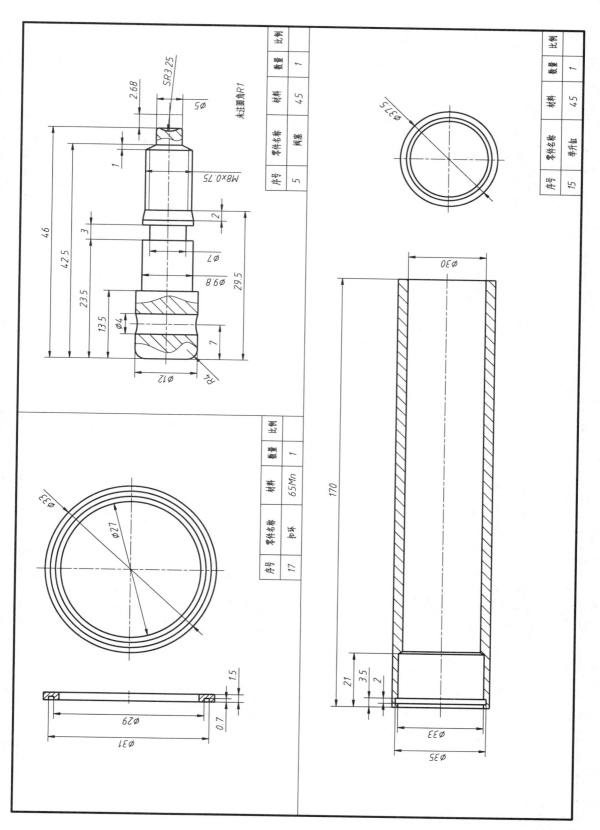

序号	零件名称	材料	数量	比例
5	阀塞	45	1	

未注圆角R1

序号	零件名称	材料	数量	比例
15	举升缸	45	1	

序号	零件名称	材料	数量	比例
17	扣环	65Mn	1	

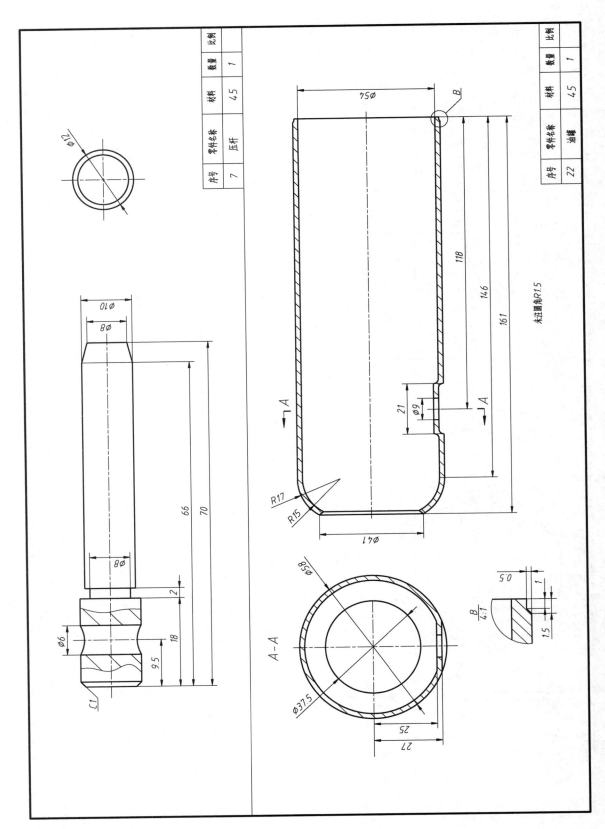

序号	零件名称	材料	数量	比例
7	压杆	45	1	

序号	零件名称	材料	数量	比例
22	油罐	45	1	

未注圆角R1.5

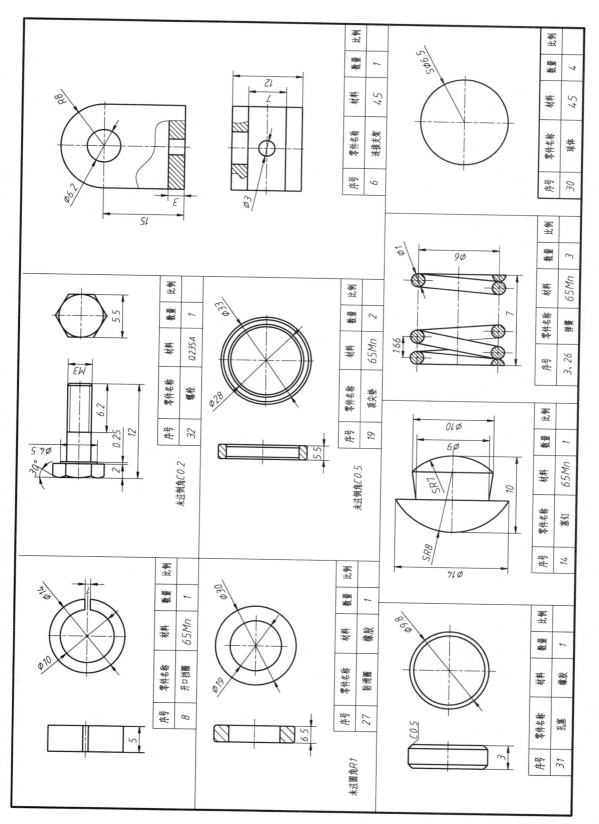

序号	零件名称	材料	数量	比例
6	连接支架	45	1	

未注倒角C0.2

序号	零件名称	材料	数量	比例
32	螺栓	Q235A	1	

未注倒角C0.5

序号	零件名称	材料	数量	比例
19	顶尖垫	65Mn	2	

序号	零件名称	材料	数量	比例
30	球体	45	4	

序号	零件名称	材料	数量	比例
3, 26	弹簧	65Mn	3	

序号	零件名称	材料	数量	比例
14	塞钉	65Mn	1	

未注圆角R1

序号	零件名称	材料	数量	比例
8	开口挡圈	65Mn	1	

序号	零件名称	材料	数量	比例
27	防滑圈	橡胶	1	

序号	零件名称	材料	数量	比例
31	引塞	橡胶	1	

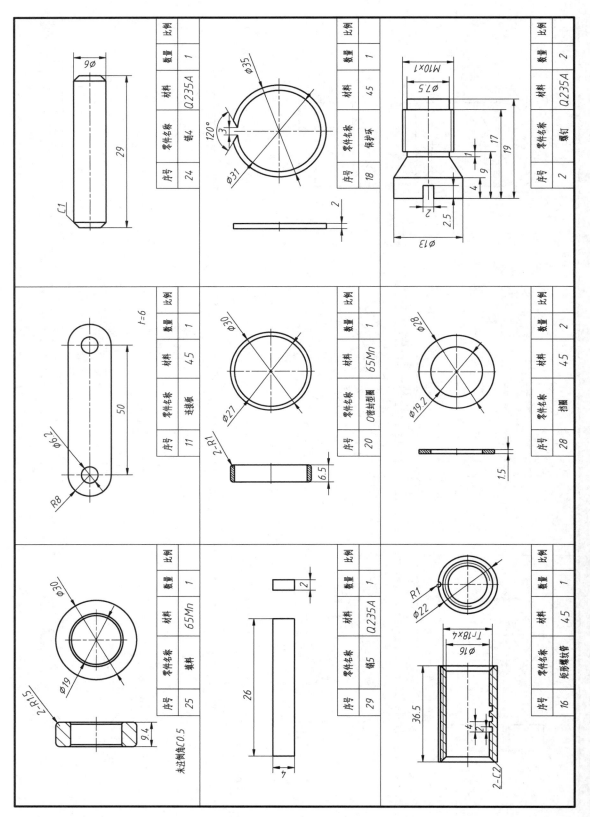

4.19 机械手

工作原理：本结构是 S 形半软糖包装机扭尾装置中的机械手。工作过程：滑轮（12）由凸轮摆杆控制向右（或向左）运动，推动齿条轴（7）向右（或向左）运动，由于齿轮啮合使两钳爪（3）闭合或张开，抓紧或松开糖纸。滑动齿轮（8）与扭结轴（5）是键连接。滑动齿轮在主动齿轮的带动下旋转，因而扭结轴转动，因其头部由小轴（4）与钳爪（3）连接，于是钳爪转动致使糖纸扭结。因在扭结过程中纸的长度缩小，所以由凸轮摆杆控制滑动齿轮轴向位移，补偿在扭结过程中纸的长度变化。机身与件（6）为过盈配合。

 工作任务

1. 根据所给的零件图建立相应的三维模型，每个零件模型对应一个文件，文件名为该零件名称。

2. 按照给定的装配示意图将零件三维模型进行装配，命名为"机械手三维装配体"。

3. 根据拆装顺序对机械手装配体进行三维爆炸分解，并输出分解动画文件，命名为"机械手分解动画"。

4. 按装配工程图样生成二维装配工程图（包括视图、零件序号、尺寸、明细表、标题栏等），命名为"机械手二维装配图"。

5. 生成机械手运动仿真动画，其中扭结轴应逐渐透明然后消隐，能看到齿条轴内部机构的运动，并生成 AVI 格式文件，命名为"机械手运动仿真动画"。

本套图摘自广东省图形技能与创新设计竞赛考题。

扫一扫

扫二维码观看机械手分解动画和运动仿真动画

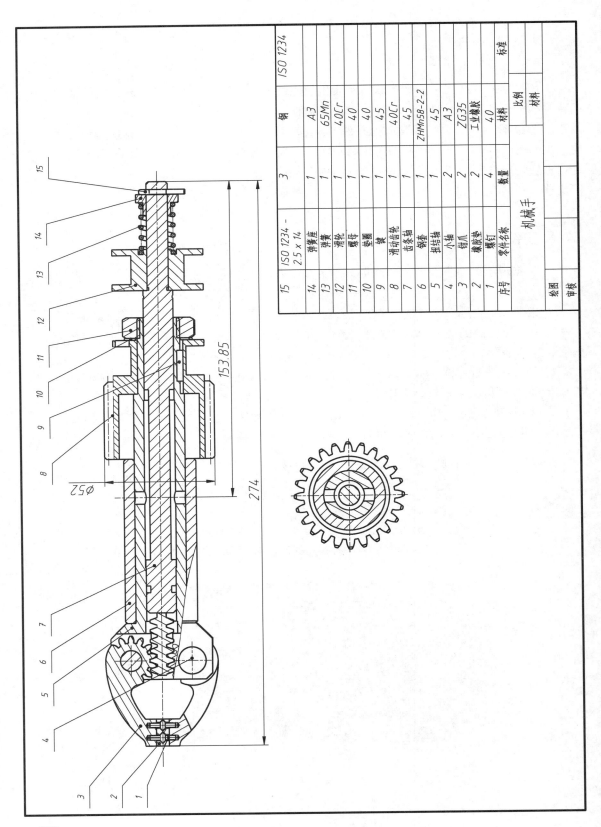

15	ISO 1234 - 2.5 × 14		3	钢	ISO 1234
14	弹簧座		1	A3	
13	弹簧		1	65Mn	
12	滑轮		1	40Cr	
11	螺母		1	40	
10	垫圈		1	40	
9	键		1	45	
8	滑动齿轮		1	40Cr	
7	齿条轴		1	45	
6	钢套		1	ZHMn58-2-2	
5	扭结轴		1	45	
4	小轴		2	A3	
3	钳爪		2	ZG35	
2	橡胶垫		2	工业橡胶	
1	螺钉		4	40	
序号	零件名称		数量	材料	标准
	机械手			比例	
				材料	
绘图					
审核					

ϕ52

153.85

274

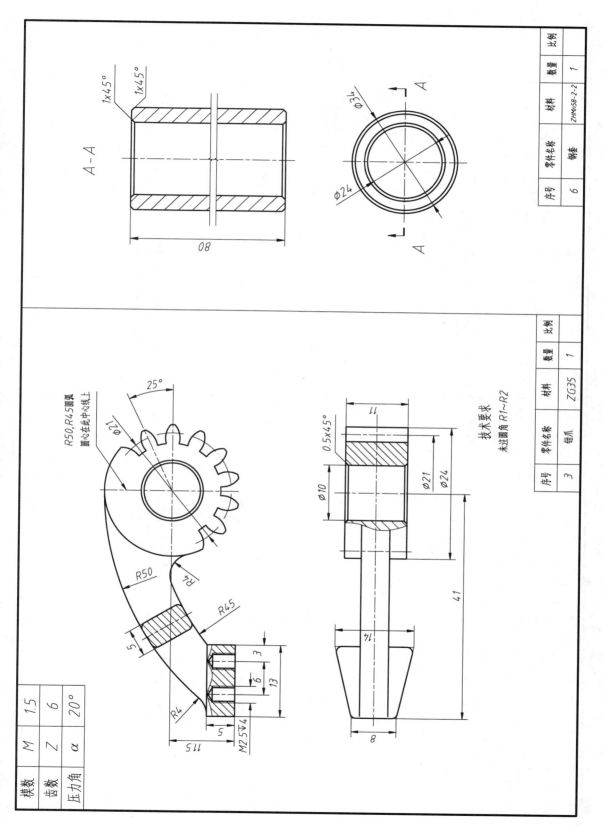

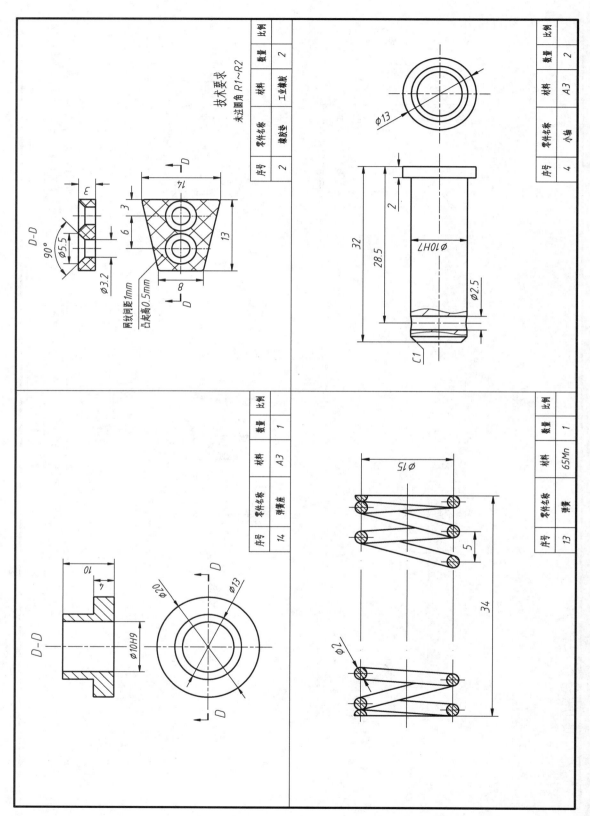

技术要求
未注圆角 R1~R2

序号	零件名称	材料	数量	比例
2	橡胶垫	工业橡胶	2	

网纹间距 1mm
凸起高 0.5mm

序号	零件名称	材料	数量	比例
4	小轴	A3	2	

序号	零件名称	材料	数量	比例
14	弹簧座	A3	1	

序号	零件名称	材料	数量	比例
13	弹簧	65Mn	1	

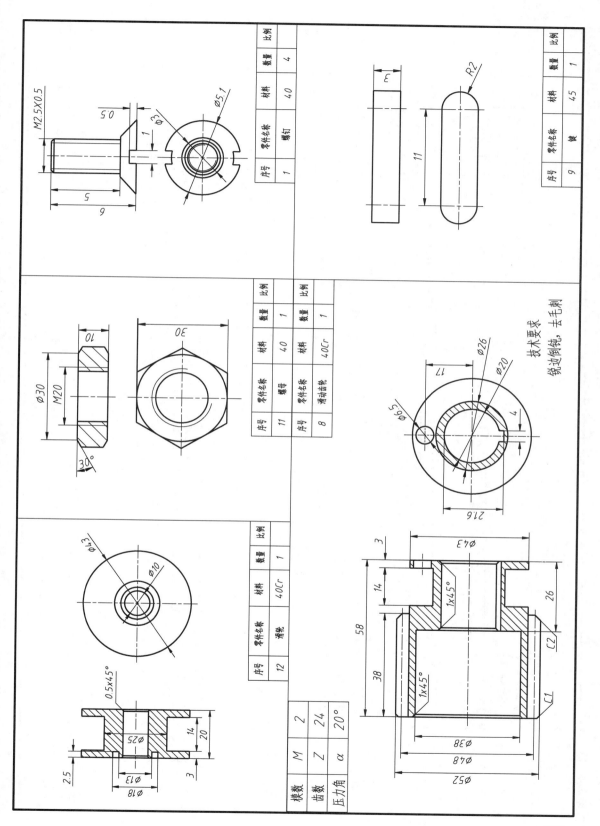

技术要求：锐边倒钝，去毛刺

序号	零件名称	材料	数量	比例
1	螺钉	40	4	

序号	零件名称	材料	数量	比例
9	键	45	1	

序号	零件名称	材料	数量	比例
11	螺母	40	1	

序号	零件名称	材料	数量	比例
8	滑动齿轮	40Cr	1	

序号	零件名称	材料	数量	比例
12	滑轮	40Cr	1	

模数	M	2
齿数	Z	24
压力角	α	20°

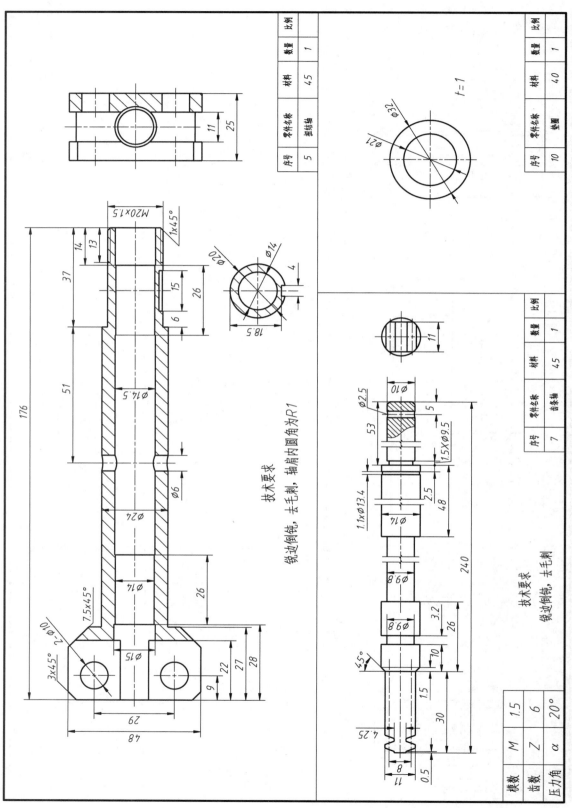

技术要求
锐边倒钝,去毛刺,轴肩内圆角为R1

技术要求
锐边倒钝,去毛刺

序号	零件名称	材料	数量	比例
5	扭转轴	45	1	

序号	零件名称	材料	数量	比例
10	垫圈	40	1	

序号	零件名称	材料	数量	比例
7	齿条轴	45	1	

模数	M	1.5
齿数	Z	6
压力角	α	20°

4.20 活塞式输油泵

活塞式输油泵的功用是保证低压油路中柴油的正常流动，克服柴油滤清器和管道中的阻力，以一定的压力向喷油泵输送足量的柴油。工作过程：柴油从 A 口进入管道，两边各有两个单向阀，并且方向相反。转动泵主轴（4）时可带动两边活塞的左右移动，以左管道为原理介绍，活塞向右移动时，管道内出现负压，这时一个单向阀打开，柴油被吸入管道内，活塞向左移动时，将柴油压缩后另一个单向阀被打开，管道内的柴油被排出。当左管道进柴油时，右管道排出柴油，这种工作方式连续运动后就形成了连续供油。

 工作任务

1. 根据所给液压千斤顶的零件图建立相应的三维模型，每个零件模型对应一个文件，文件名为该零件名称。

2. 按照给定的装配示意图将零件三维模型进行装配，命名为"活塞式输油泵三维装配体"。

3. 根据拆装顺序对活塞式输油泵装配体进行三维爆炸分解，并输出分解动画文件，命名为"活塞式输油泵分解动画"。

4. 按装配工程图样生成二维装配工程图（包括视图、零件序号、尺寸、明细表、标题栏等），命名为"活塞式输油泵二维装配图"。

5. 生成活塞式输油泵运动仿真动画，其中泵体、泵盖、钢套、盖板应逐渐透明然后消隐，能看清楚活塞式输油泵的运动过程，并生成 AVI 格式文件，命名为"活塞式输油泵运动仿真动画"。

 扫一扫

扫二维码观看活塞式输油泵分解动画和运动仿真动画

活塞式输油泵

序号	零件名称	数量	标准	材料
30	弹簧	4		65Mn
29	轴承	1	JIS B 1536 - RNA 4905	钢、软
28	弹簧固定座	4		45
27	油道盖置	4		45
26	O型密封圈	4	GB/T 3452.1-2005 28×1.8	橡胶
25	油道盖座	4		45
24	螺栓-M5×20	4		钢、软
23	盖板套子	1	GB/T 29.2-1988	铜、橡胶、软
22	螺栓-M10×40	8	GB/T 5783-2000	钢、软
21	O型密封圈	2	GB/T 3452.1-2005 4.3.7×3.55	橡胶
20	活塞二	2		铜
19	活塞一	2		铜
18	柱塞轴	1		45
17	泵盖	2		HT200
16	密封圈	2		橡胶
15	O型密封圈	2	GB/T 3452.1-2005 60×2.65	橡胶
14	O型密封圈	2	GB/T 3452.1-2005 4.12×2.65	橡胶
13	橡胶碗	2		橡胶
12	钢套	2		45
11	O型圈护套	2		45
10	杜塞套	2		45
9	直通式油杯	1		45
8	调节垫片	2		橡胶
7	防尘盖	1		塑料
6	DIN 6912	2	DIN 6912 - M8×30	钢、软
5	泵副轴	1		45
4	泵主轴	1		45
3	DIN 471	2	DIN 471 - 45×1.75	钢、软
2	泵体	1		HT200
1	盖板	1		HT200
序号	零件名称	数量	标准	材料

比例　材料

标准

绘图

审核

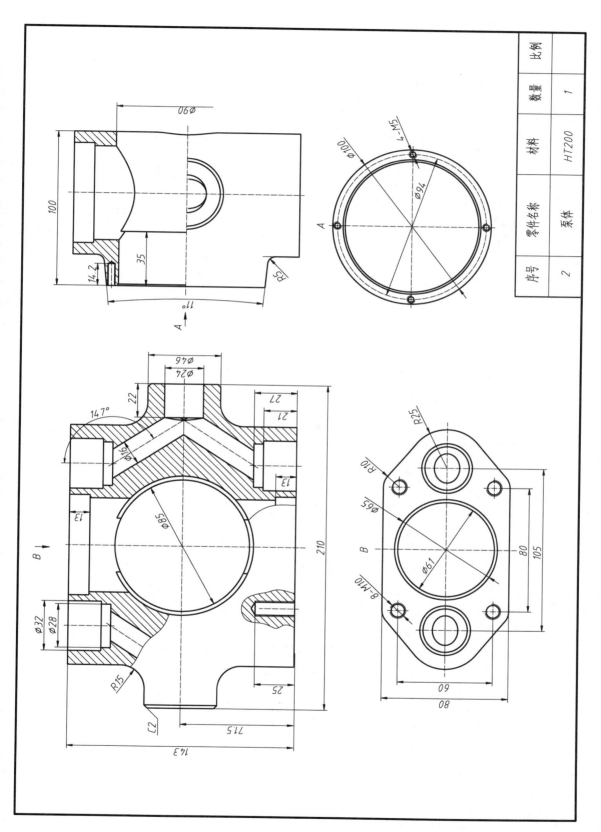

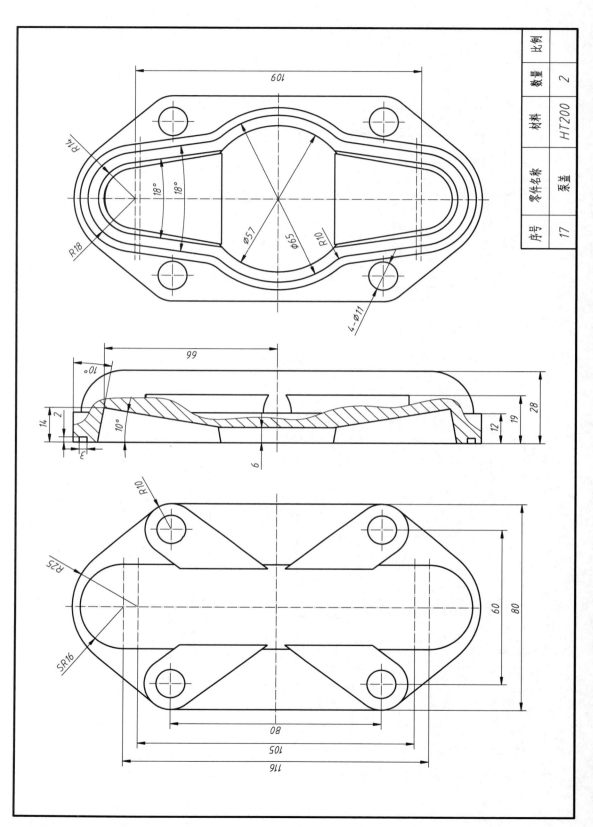

序号	零件名称	材料	数量	比例
17	泵盖	HT200	2	

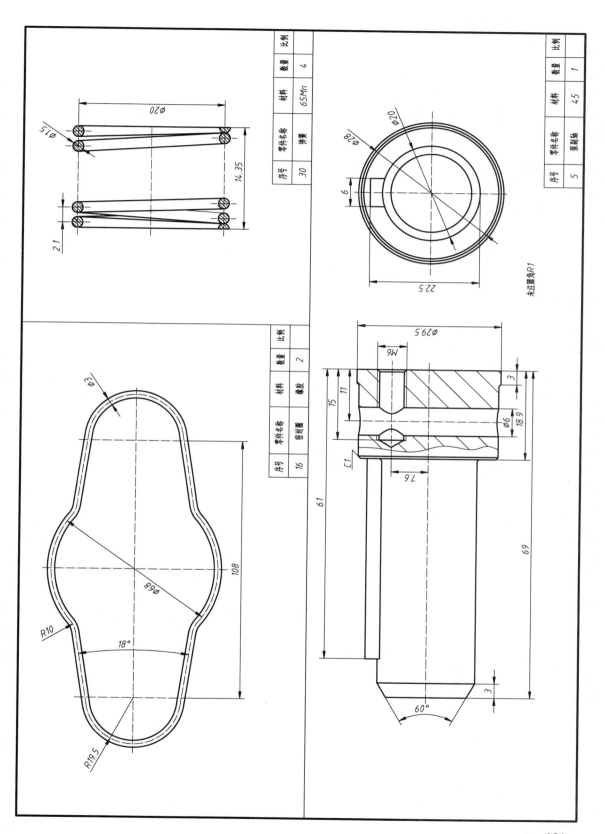

序号	零件名称	材料	数量	比例
30	弹簧	65Mn	4	

序号	零件名称	材料	数量	比例
5	泵副油	45	1	

未注圆角R1

序号	零件名称	材料	数量	比例
16	密封圈	橡胶	2	

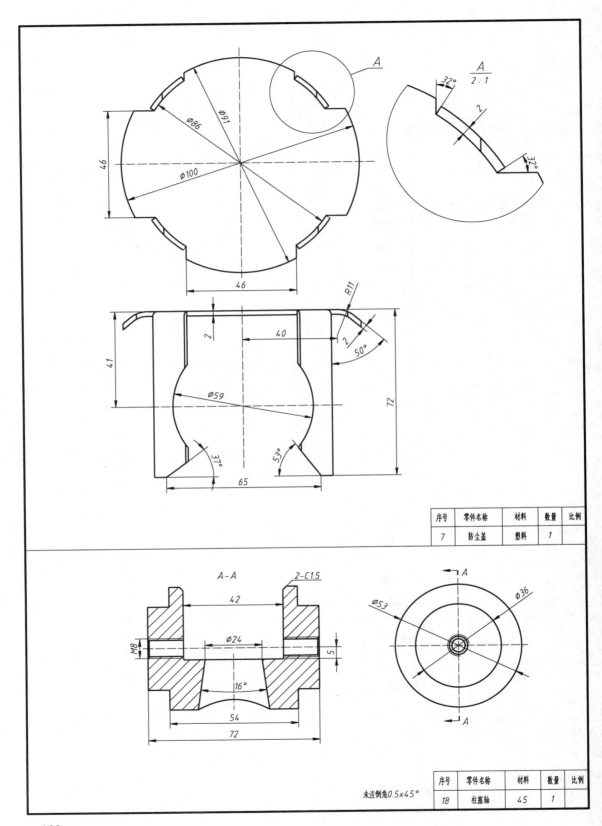

序号	零件名称	材料	数量	比例
7	防尘盖	塑料	1	

未注倒角0.5x45°

序号	零件名称	材料	数量	比例
18	柱塞轴	45	1	

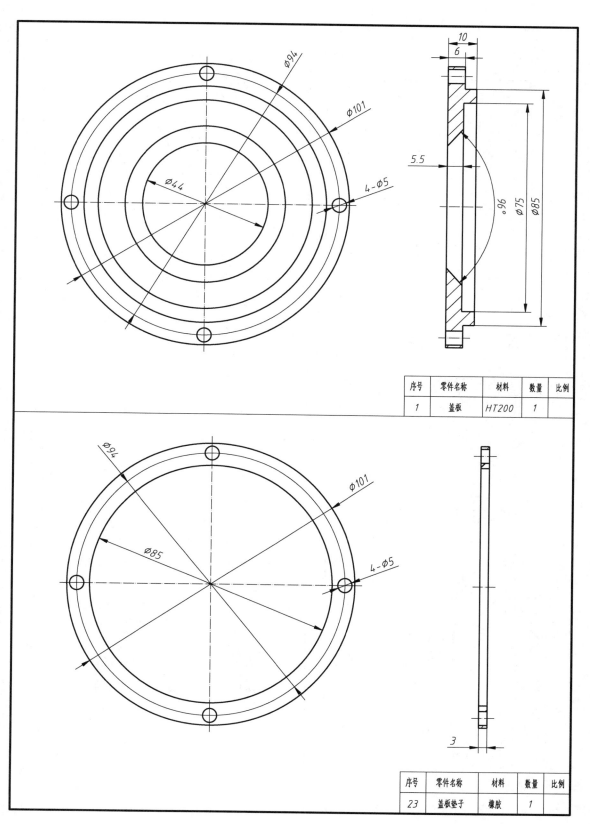

序号	零件名称	材料	数量	比例
1	盖板	HT200	1	

序号	零件名称	材料	数量	比例
23	盖板垫子	橡胶	1	

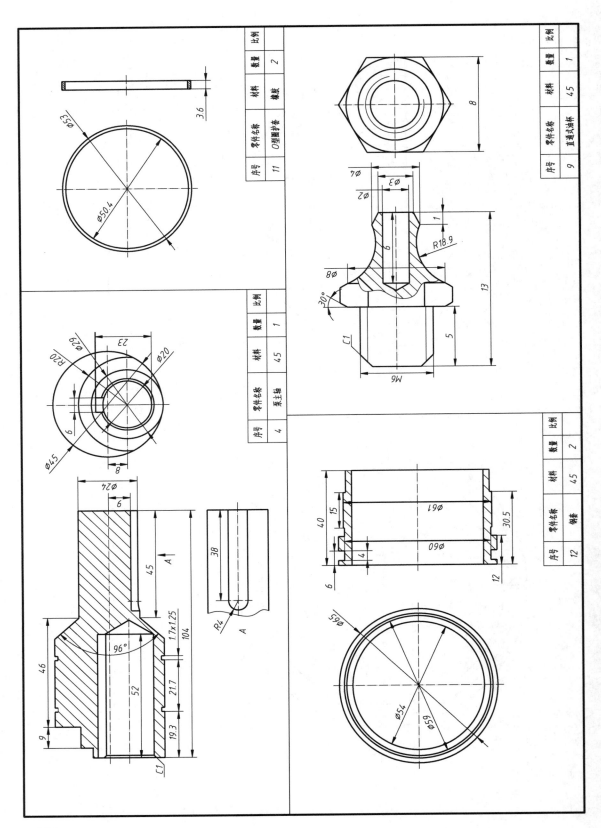

序号	零件名称	材料	数量	比例
11	O型圈护套	橡胶	2	

序号	零件名称	材料	数量	比例
9	直通式油杯	45	1	

序号	零件名称	材料	数量	比例
4	泵主轴	45	1	

序号	零件名称	材料	数量	比例
12	轴套	45	2	

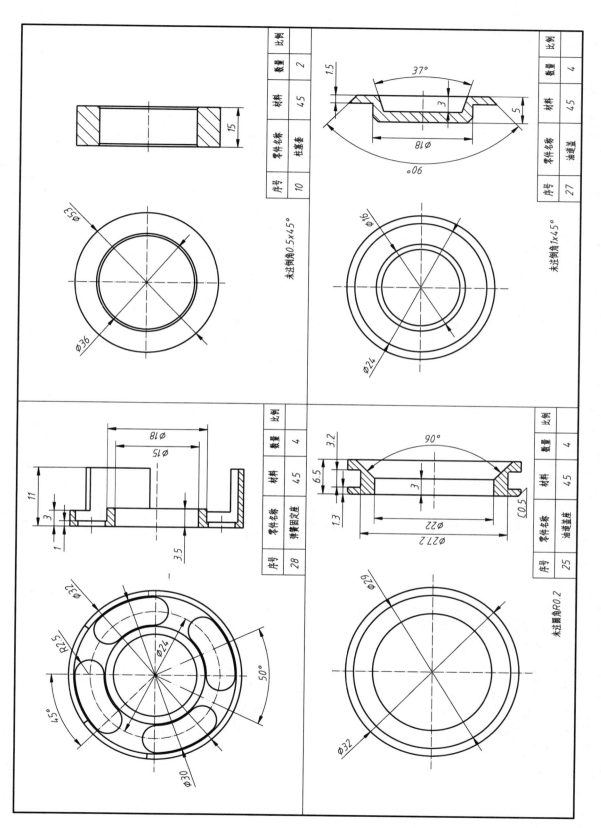

序号	零件名称	材料	数量	比例
10	柱塞套	45	2	

未注倒角0.5×45°

序号	零件名称	材料	数量	比例
27	油道盖	45	4	

未注倒角1×45°

序号	零件名称	材料	数量	比例
28	弹簧固定座	45	4	

序号	零件名称	材料	数量	比例
25	油道盖座	45	4	

未注圆角R0.2

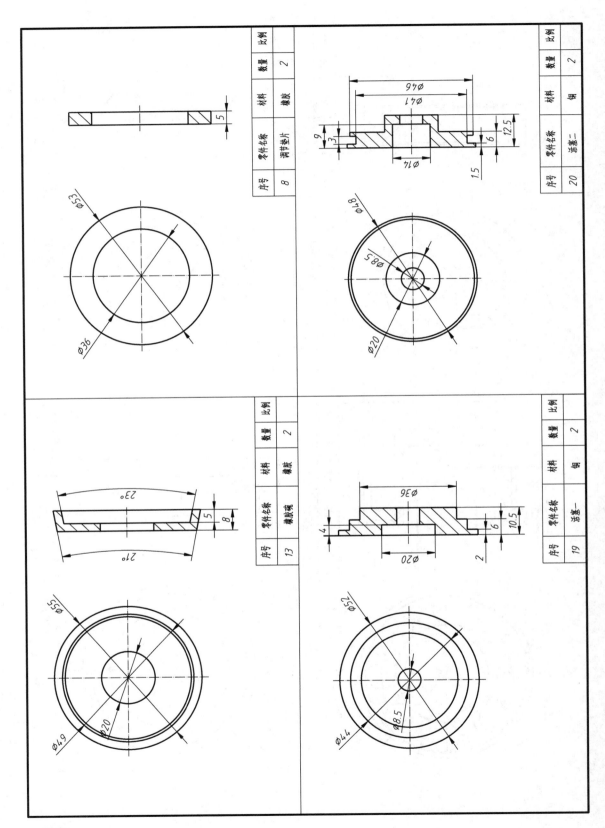

序号	零件名称	材料	数量	比例
8	调节垫片	橡胶	2	

序号	零件名称	材料	数量	比例
20	活塞二	铜	2	

序号	零件名称	材料	数量	比例
13	橡胶碗	橡胶	2	

序号	零件名称	材料	数量	比例
19	活塞一	铝	2	

参 考 文 献

[1] 邓劲莲. 机械产品三维建模图册 [M] 1 版. 北京：机械工业出版社，2014.

[2] 中国工程图学学会. 三维数字建模题集[M] 1 版. 北京：中国标准出版社，2008.

[3] 金大鹰. 机械制图[M] 3 版. 北京：机械工业出版社，2012.

反侵权盗版声明

    电子工业出版社依法对本作品享有专有出版权。任何未经权利人书面许可，复制、销售或通过信息网络传播本作品的行为，歪曲、篡改、剽窃本作品的行为，均违反《中华人民共和国著作权法》，其行为人应承担相应的民事责任和行政责任，构成犯罪的，将被依法追究刑事责任。

    为了维护市场秩序，保护权利人的合法权益，我社将依法查处和打击侵权盗版的单位和个人。欢迎社会各界人士积极举报侵权盗版行为，本社将奖励举报有功人员，并保证举报人的信息不被泄露。

举报电话：（010）88254396；（010）88258888

传　　真：（010）88254397

E-mail：　dbqq@phei.com.cn

通信地址：北京市万寿路 173 信箱

          电子工业出版社总编办公室

邮　　编：100036